MONOGRAPHIE

DU

GENRE OSTREA.

TERRAIN CRÉTACÉ.

Par H. Coquand.

MARSEILLE
TYPOGRAPHIE ET LITHOGRAPHIE H. SEREN
Quai de Rive-Neuve, 3,

1869

INTRODUCTION

Il serait superflu d'énumérer ici les services immenses que la Paléontologie rend à la Géologie stratigraphique. Ces deux sciences sont devenues sœurs depuis longtemps, et de nombreux exemples ont prouvé que, lorsque quelques géologues, dans les descriptions qu'ils ont données des régions montagneuses et bouleversées, ont dédaigné les secours de la première, ils sont tombés dans des erreurs capitales que la saine interprétation des Faunes leur aurait fait éviter, et que celle-ci a redressées effectivement plus tard.

Loin de nous la pensée de jeter le moindre discrédit sur les études purement pétrographiques, dont l'importance ressort d'autant plus vivement que c'est aux efforts des savants qui s'en occupent, que sont dues en grande partie les applications utiles qui constituent la richesse des nations. Mais à côté des questions industrielles surgissent les questions philosophiques, dont il serait impossible de les séparer aujourd'hui. Il n'est pas toujours facile de deviner, à première vue, les gisements des substances variées que réclament nos besoins : car chacune d'elles occupe ordinairement, dans la série des terrains, une place qu'il est indispensable de connaître avant de procéder à sa recherche et à son extraction : il faut savoir préalablement le numéro d'ordre du terrain dans lequel elle est renfermée, et être renseigné sur les rapports de celui-ci avec les autres terrains qui le supportent ou qui le recouvrent. Les questions d'inclinaison et de direction des couches sont presque toujours sans valeur dans ce cas ; en effet, à part quelques rares exceptions, les diverses formations des terrains secondaires, qui se développent dans une contrée donnée, se montrent en concordance de stratification les unes par rapport aux autres.

Le caractère minéralogique, à son tour, est incapable de fournir un moyen de solution définitif : car les calcaires, les marnes et les grès d'une formation peuvent ressembler et ressemblent souvent, d'une manière si frappante, avec les calcaires, les grès et les marnes d'une formation toute différente, que la chimie est impuissante à en opérer la distinction. Et ici, je fais appel à tous les géologues qui ont étudié la géologie sur le terrain, pour qu'ils disent les difficultés de toute nature qui les assaillent, s'il s'agit de déterminer l'âge d'un dépôt calcaire, par exemple, lorsqu'ils n'ont à leur disposition que le caractère minéralogique et que la contrée qu'ils parcourent leur est à peu près inconnue.

Mais, si au lieu de recourir au simple signalement de la roche et à l'ordre de superposition, qui ne peut leur apprendre que la position relative des masses et non leur âge, ils examinent les corps organisés qu'elles renferment, et s'ils parviennent à déterminer avec exactitude quelques-uns d'entre eux, un seul au besoin, toute difficulté disparaît comme par enchantement ; les horizons géologiques se dessinent avec netteté, les lois de succession d'étages se déroulent clairement, les dénivellements survenus à la suite des failles, les renversements de couches sont dénoncés et saisis ; on restitue leur véritable place aux assises dont un accident postérieur à leur dépôt aurait interverti la position hiérarchique, et tous ces miracles sont dus à la Paléonto-

logie et à la sûreté des principes qu'elle est parvenue à
établir (1).

S'il est vrai de dire que la connaissance des Fossiles con-
duit à celle des terrains et des étages qui les constituent, il
est juste d'ajouter cependant que les moyens d'arriver à
leur détermination exigent des études longues et patientes,
une véritable vocation de la part de ceux qui veulent
devenir paléontologues dans la plus large acception du
mot. Non-seulement ils doivent être familiarisés avec les
principes qui régissent la botanique, ainsi que les branches
variées de la zoologie, pour en faire l'application aux débris
exhumés des entrailles de la terre, mais encore ils se trou-
vent fréquemment en présence de familles et de genres
complétement anéantis, pour l'établisement desquels ils
sont obligés de réclamer des lumières à l'anatomie com-
parée et à l'analogie.

Outre la perte de temps qu'exigent ces travaux, toujours
très-délicats de leur nature, il est indispensable encore
d'avoir sous la main des collections bien faites et tous les
ouvrages publiés sur le sujet dont on s'occupe : or, les res-
sources dont disposent, surtout en Province, les établissements publics en objets d'histoire naturelle ou en livres, ne
servent qu'à montrer l'insuffisance des matériaux que l'on
est à même de consulter. On a obvié en partie à ces incon-
vénients par la publication de Monographies qui ont l'avan-

(1) L'identité des faunes pour les étages de la même époque, que les travaux de Brongniart ont si bien mise en lumière, malgré les distances qui
pouvaient les séparer, avait été déjà nettement formulée par Denys-Mont-
for en 1808. Voici ce que ce conchyliologiste écrivait, p. 81, dans son Histoire naturelle des Mollusques : « Je tiens de la générosité du célèbre bota-
niste Desfontaines une quantité de corps fossiles qu'il a lui même recueillis
en Afrique sur les montagnes du Zaara, à plus de 200 lieues de la mer et
qui sont identiquement les mêmes pour la couleur, l'espèce et le genre de
pétrifications, que les corps marins fossiles qui composent l'antique masse
des rochers du Havre ; cette ressemblance est même si forte que l'œil le
plus exercé ne peut plus les distinguer, lorsqu'on les a mêlés et confondus
les uns avec les autres. » Or, on sait que ces montagnes du Sahara sont
les Monts Auress où nous avons signalé une faune rotomagienne qui, pour le
plus grand nombre des espèces, se rapporte exactement à la faune crétacée
des rochers du Havre.

tage de réunir en un seul corps, en un seul faisceau, les documents épars dans une foule de livres ou dans les diverses collections. La Suisse, l'Angleterre, l'Allemagne et les Etats-Unis excellent dans ce genre de publications et donnent un exemple que la France semble disposée à suivre, quoique de loin.

Mais pour rendre ces Monographies d'un usage général et applicables à la reconnaissance et à la classification des terrains, il convient de faire choix de familles ou de genres qui soient largement représentés dans les formations géologiques et qui puissent dispenser de recourir à la série zoologique tout entière. J'ai obéi à cette considération, en me décidant à donner la préférence, parmi les mollusques, au genre *Ostrea*, qui remplit un rôle si important, comme représentation, dans les assises variées des terrains secondaires et tertiaires, et dont la physionomie est si facile à saisir au premier coup d'œil, grâce à la conservation parfaite de la coquille, et surtout à la profusion avec laquelle il est répandu sur tous les points du globe.

Les familles des Ammonitidées, des Brachiopodes et des Echinidées atteindraient bien aussi le même but, mais l'absence complète de la première dans la formation tertiaire, la difficulté de se reconnaître dans les genres multiples en lesquels elle se subdivise et dont les caractères délicats, et qui ont souvent disparu, auxquels on est obligé de recourir pour l'établissement des espèces, voilà tout autant d'obstacles qui empêchent d'en généraliser l'usage et conspirent à ne leur assigner, dans le plus grand nombre de cas, qu'un rôle purement philosophique ou de simple curiosité.

Les immenses matériaux que nos longues recherches en Europe ainsi qu'en Afrique ont mis à notre disposition, les communications obligeantes qui nous ont été faites de la part des géologues dont le nom fait autorité dans la science et qui ont bien voulu répondre à notre appel, ainsi que des établissements du premier ordre, tels que l'Ecole Impériale des Mines et la Sorbonne de Paris, les Musées de Munich, de Vienne, de Pesth, de Stuttgard, nous laissent dans la conviction qu'il n'existera que bien peu de lacunes, lacunes que nous espérons combler d'ailleurs pendant le cours même de notre publication.

Il nous est agréable d'adresser dès aujourd'hui nos sincères remercîments, pour leur généreux concours, à MM. Arnaud, Bayle, Brossard, Coste, Cotteau, Deshayes, Hébert, Gümbel, Gauthier, Le Mesle, de Loriol, Mœvus, Matheron, Nicaise, de Mercey, Marès, Oppel, Pictet, Péron, de Rochebrune, Reynès, Roux, Seguenza, de Verneuil, Vatonne, Ville et Zittel.

Notre Monographie se composera de trois parties distinctes et indépendantes les unes des autres. La première sera consacrée aux *Ostrea* de la formation crétacée, la deuxième aux *Ostrea* des formations jurassique, triasique et permienne, la troisième aux *Ostrea* de la formation tertiaire.

Avant de procéder à la description des espèces nous devons indiquer brièvement les motifs qui nous ont guidé dans le choix de nos étages et dans l'adoption des noms qui servent à les désigner.

Deux écoles en France, et chacune d'elles a eu la prétention de faire mieux que l'autre, ont tenté de diviser la craie d'une manière rationnelle. La première, prenant pour point de départ le caractère purement minéralogique, a eu recours à des dénominations tirées de la nature prédominante des principes constituants, pour en désigner les principaux groupes, sans se préoccuper si ces caractères, vrais pour certaines provinces, étaient également applicables à toutes les autres. La seconde école au contraire, s'inspirant des maîtres Anglais, et négligeant les éléments de la composition comme inconstants et susceptibles de varier à l'infini d'un point à un autre, a donné la préférence à des dénominations locales, empruntées à la région où l'étage a été considéré comme le mieux développé, et pouvant être proposé comme type pour les étages du même âge dans les autres parties du monde. C'est ainsi que les étages oxfordien, kimméridgien, portlandien, ont reçu dans le langage scientifique une consécration dont il serait impossible de s'affranchir aujourd'hui. Cette méthode a le grand avantage de ne rien préjuger sur la nature des matériaux dont l'étage est constitué et de ne pas offenser la logique, en appliquant indistinctement, par exemple, le nom de *craie blanche* à des couches contemporaines et équivalentes, qui sont *blanches* à Paris, *vertes* en Amérique et *noires* en Afrique, d'appeler du nom de *grès vert*, des assises qui sont de véritables grès verts en Angleterre et dans le bassin de la Seine, mais qui sont des marnes blanches dans le Jura, et des calcaires irréprochables, renommés par l'excellence des chaux grasses qu'ils produisent en Provence, en Espagne et en Afrique.

Une troisième école, se fondant sur les principes paléontologiques, a cherché à établir la valeur des étages sur la présence d'un ou de plusieurs fossiles qui y sont le plus abondamment répandus. C'est ainsi que les expressions de calcaire à Gryphées arquées, d'argiles à *Ostrea virgula*, ont conservé en géologie la même autorité que les noms de lias inférieur et d'étage Kimméridgien. Mais cette classification présente un grand inconvénient qui consiste en ce qu'on suppose que le fossile choisi, et qui sera *caractéristique* pour la contrée que l'auteur a décrite, se montrera avec la même constance dans les autres contrées. Or, il est loin d'en être ainsi. Il est reconnu que dans le midi de la France ainsi qu'en Espagne, le calcaire à Gryphées arquées est représenté par des dolomies sans fossiles, que la craie à *Belemnitella mucronata* de Meudon, de Maëstricht y est représentée par des calcaires dans lesquels ce fossile n'a pas encore été signalé, ou par des assises lacustres. Si les géologues du Midi, usant du même droit, avaient eu la malheureuse idée de désigner leurs étages crétacés par le nom d'un des Rudistes qui s'y montrent en profusion, ce nom aurait été sans valeur et sans application pour les étages crétacés du bassin de la Seine et de l'Angleterre. S'il est en effet démontré que les faunes, considérées dans leur ensemble sont identiques et possèdent un très grand nombre d'espèces communes, et cela indépendamment des questions de latitude et de longitude, il est également démontré que telle de ces espèces qui abonde sur un point est plus rare sur un autre ou peut manquer complétement ailleurs. Que devient alors la valeur d'un caractère qui sera purement négatif dans le plus grand nombre des cas ? Et d'un autre côté, comme le fossile pour désigner l'étage ou la zone est ordinairement marin, ne sera-t-il pas véritablement choquant d'entendre désigner, par exemple, les lignites de Fuveau, qui sont d'origine d'eau douce et qui correspondent ou peuvent correspondre au niveau de la craie de Meudon et d'Ausseing, de les entendre désigner par le nom de zone à *Belemnitella mucronata* ?

Des trois éléments qui constituent l'essence de l'étage et qui embrassent à la fois sa nature minéralogique, la faune qu'il renferme et ses limites, c'est-à-dire, la place qu'il occupe dans la série stratigraphique, les deux premières sont variables, comme on vient de le voir ; le dernier seul est constant.

On pourrait donc définir l'*étage* en géologie : l'ensemble des couches qui ont été déposées dans la même période de temps et qui renferment une faune et une flore identiques. Les zones servent à subdiviser l'étage et à mieux préciser la position que certains fossiles occupent dans son épaisseur : mais ces subdivisions ne peuvent être que locales et ne sauraient être généralisées, à cause de leur absence dans d'autres contrées ou de leur remplacement par des espèces toutes différentes, quoique équivalentes ; d'où il pourra résulter que les zones créées pour la France et pour l'Allemagne n'auront aucun rapport avec celles admises pour l'Inde ou l'Amérique, quoique indiquant, les unes et les autres, des unités du même ordre.

Quant aux objections que l'on est en droit de soulever contre la difficulté de bien s'entendre sur la valeur de l'étage et sur ses limites, nous ne nous sommes jamais dissimulé leur force ; mais cette difficulté est inhérente à l'imperfection de nos méthodes, même les meilleures. Toutefois comme en définitive, elle est plus grande encore dans les autres systèmes, celui que nous proposons nous paraît mériter la préférence.

Nous savons qu'il est ordinairement plus aisé de critiquer ce qui est déjà fait que de proposer mieux que ce qui a été fait. Aussi, notre intention n'est nullement de jeter la moindre défaveur sur des œuvres dont nous apprécions la valeur à leur juste mérite; ce serait manquer aux règles les plus élémentaires de la convenance et vouloir imiter les petits esprits, qui, ne pouvant rien entreprendre de grand, ne savent que s'attaquer aux petits côtés des grandes choses. Que l'on considère nos divisions comme des étages ou de simples subdivisions d'étages, chacun est libre dans son appréciation, car nous n'avons jamais eu la prétention, et personne ne l'aurait certainement en géologie, de formuler une classification définitive et immuable.

Quoiqu'il en soit, voici celle que nous avons adoptée pour la formation crétacée et que nous suivrons dans notre Monographie.

CRAIE SUPÉRIEURE	1° Etage Garumnien	Terrain pisolitique. Terrain Garumnien de M. Leymerie. Etage Danien (Orb.).
	2° Etage Dordonien	
	3° — Campanien	Et. Sénonien, Orb. Upper Chalk. Craie blanche.
	4° — Santonien 5° — Coniacien	Lower chalk sup. Craie marneuse sup.
CRAIE MOYENNE	6° Etage Provencien 7° — Mornasien 8° — Angoumien 9° — Ligérien	Etage Turonien, Orb. Craie marneuse inf. Lower chalk inf. Craie à Inoc. labiatus.

CRAIE MOYENNE	10° Etage Carentonien	Etage Cénomanien Orb.
	11° — Gardonien	(D'origine lacustre, devant se confondre avec le n° 10 ou 12).
	12° — Rothomagien	Etage Cénomanien Orb. Craie Glauconieuse. Etage Vraconien Ren. Chalk Marl. — Upper. Greensand
	13° — Albien	Gault
CRAIE INFÉRIEURE	14° — Urgo-Aptien	A. supérieur : Etage Aptien. Speeton clay. B. moyen : Calcaires ou Grès à Orbitolites (Etage Rhodanien Renevier C. inférieur : Etage Urgonien Orb. Barrémien Coquand. Néoc. à facies Alpin ou Provençal de Lory et Pictet. Lower green sand—Argiles ostréennes.
	15° Etage Néocomien	Marnes d'Hauterive.
	17° — Valengien	(D'origine marine) ou Wealdien, (d'origine lacustre).

BIBLIOGRAPHIE

1702. Scheuchzer. — Specimen lithographicæ Helvetiæ curiosæ.

1708. Langius. — Historia lapidum figuratarum Helvetiæ.

1718. Scheuchzer. — Oryctographia Helvetica.

1742. Bourguet. — Histoire naturelle des Pétrifications.

1767. Linné. — Systema Naturæ, editio xii.

1768. Knorr et Walch. — Sammlung von Mertvürdig- keiten der Natur und Alterthümern des Erdbo- dens, welche petrifizirte kœrper entœblt.

1776. Der Naturforscher.

1782. Buchoz. — Les Dons merveilleux.

1789. Gmelin. — Linnæi systema naturæ, edit. xiii.

1792. Encyclopédie Méthodique.

1799. Faujas de Saint-Fond. — Histoire naturelle de la Montagne de Saint-Pierre.

1802. Lamarck. — Système des Animaux sans vertèbres.

1803. Blumenbach. — Specimen Archæologiæ Telluris terrarumque inprimis Hannoveranorum.

1810. Lamarck. — Annales du Muséum, t. viii et xiv.

1812-1842. Sowerby J. — Mineral-Conchology of great Britain.

1813. Schlottheim. — Beitræge zur Naturgeschichte der Versteinerungen in geognostischer Hinsicht. — Taschenbuch von Leonhard, t. vii.

1816. Smith W. — Strata identified bi organized fossils,

1819. Lamarck, — Histoire des Animaux sans vertèbres.
1820. Schlottheim. — Die Petrefactenkunde auf ihrem jetzigen Standpunkte durch die Beschreibung seiner Sammlung Versteinerter und fossiler Ueberreste des Thierund Pflanzenreichs der Vorwelt erlaütert.
1821. Defrance. — Dictionnaire des sciences naturelles.
1821. Wahlenberg. — Petrificata telluris Svecanæ, in nova Acta Regiæ societatis. Upsal., vol. viii.
1822. Brongniart. — Description géologique des environs de Paris.
1822. Krüger. — Geschichte der Urwelt in Umrissen.
1822. Mantell. — Fossils of the south Downs, or illustration of the Geology of Sussex.
1825. Bronn. — Systema urweltlichen Konchylien.
1825. Kœnig. — Icones fossilium sectiles.
1826. Risso. — Histoire naturelle des principales productions de l'Europe méridionale, et principalement des environs de Nice et des Alpes maritimes.
1827. Nilsson. — Petrefacta suecana.
1828. Morton. — Geological observations on the secondary formation of the Atlantic coast of the United States of America. Journal of the Academy nat. soc. of Philadelphia, t. vi.
1829. Ure. — A new System of Geology in wich the great revolutions of the earth and animated nature, and reconciled at once to modern science and sacred history.
1830 Fischer de Waldeim. — Oryctognosie du gouvernement de Moscou.
1831 Sowerby. — In Murchison et Sedwig Trans. géol. soc. of London, t. iii.
1831 Morton. — Synopsis of the organic Remains of the ferrugineous sand formation of the United States. American-journal of science and Arts t. xvii.
1831 Deshayes. — Coquilles caractéristiques des Terrains.
1831 Dubois de Montpereux. — Conchyliologie fossile des formations du plateau Wolhyni-Podolien.

1832 Schlottheim. — Systematisches verzeichniss der petrefacten Sammlung des verstorbonen wirklichen.

1832 Passy. — Description géologique de la Seine-Inférieure.

1833 Woodward. — An outline of the geology of Norfolk.

1833 Mantell. — The geology of the south-East of England.

1834 Morton. — Synopsis of the organic Romains cretaceous formation of United States.

1834 Klœden. — Die Versteinerungen der Mark Brandenburg insonderheit diejenigen, welche sich in den Rollsteinen und Blœcken der subbaltischen Ebene finden.

1834 Goldfuss. — Petrefacta Germaniæ.

1834 Phillips. — Illustration Geology of Yorkshire.

1836 Roemer. — Versteinerungen des Norddeutschen oolithen-gebirges.

1836 Fitton. — Chalk and Oxford oolite in the south east of England. Trans. géol. soc. London, 2° série, t. iv.

1836 Deshayes. — Histoire des animaux sans vertèbres, 2° édition de Lamarck.

1836 Ducatel. — Report on the Geology of Maryland.

1837 Archiac. — Mémoire sur la formation crétacée du S. O. de la France. — Mémoires de la Soc Géol. de France, t. ii.

1837 Pusch. — Polens Paléontologia.

1837 Hisinger. — Lethæa Suecica.

1837 Dujardin. — Sur les couches du sol de la Touraine. Mém. soc. géol. t. ii.

1837 Dunker et Koch. — Beitræge zur kenntniss des Norddeutchen oolithgebildes, und dessen versteinerungen.

1837 Verneuil et Deshayes. — Mémoire géologique sur la Crimée. Mém. soc. géol. de France, t. iii.

1837 Bronn — Lethæa geognostica.

1838 GRATELOUP. — Catalogue zoologique renfermant les débris fossiles des animaux vertébrés découverts dans les différents étages des terrains qui constituent les formations géologiques du bassin de la Gironde.

1839 GEINITZ. — Charakteristik der schisten und Petrefacten des Sæschsish Bœmischen kreidegebirges. Versteinerungen von Kieslingswalda.

1839 ARCHIAC. — Groupe moyen de la formation crétacée. Mém. soc. géol. t. III.

1839 BUCH. — Pétrifications recueillies en Amérique par de Humbold et Bonplan.

1840 LEYMERIE — Note sur le gisement et les variétés de l'Exogyra sinuata. Bull. soc. géol., t. XI.

1841 CORNUEL. — Mémoire sur les terrains crétacés inférieurs et suprajurassiques de l'arrondissement de Vassy. — Mém. soc. géol., t. IV.

1841 LEYMERIE. — Terrain crétacé de l'Aube. — Mém. soc. géol., t. IV et t. V; 1842.

1841 MOXON. — Illustrations of the characteristic fossils of British strata.

1841 ROMER A. — Die versteinerungen des Norddeutschen kreidegebirges.

1842 SAUVAGE et BUVIGNIER. — Statistique minéralogique et géologique des Ardennes.

1842 ROUSSEAU. — Voyage dans la Russie méridionale et la Crimée par Demidoff.

1842 ORBIGNY. — Coquilles et Echinodermes fossiles de la Colombie.

1842 MATHERON. — Catalogue méthodique et descriptif des corps organisés fossiles du département des Bouches-du-Rhône et lieux circonvoisins.

1842 HUOT. — Voyage dans la Russie méridionale et la Crimée par Demidoff.

1843 ARCHIAC. — Description géologique du département de l'Aisne. Mém. soc. géol.; t. V.

1843 AUSTEN. — On the geology S. E. Surrey. — Proceding soc. géol. London, t. IV.

1843 LONGUEMAR. — Etude géologique des terrains de la rive gauche de l'Yonne..

1844 HOMMAIRE de HELL. — Steppes de la mer Caspienne.

1844 ORBIGNY. — Paléontologie du voyage de Hommaire de Hell.

1844 POTIEZ et MICHAUD. — Catalogue des Mollusques du Musée de Douai.

1845 CALCARA. — Cenno sui Molluschi viventi e fossili della Sicilia.

1845 FORBES. — Catalogue of lower greensand fossils. Quart. journ. soc. geol. London, t. I.

1845 FORBES. — Report on the fossil invertebrata fron southern India — Trans. géol. soc., t. VII, 2° série.

1846 GEINITZ. — Grundriss der versteinerungs kunde.

1846 LEYMERIE. — Statistique géologique et minéralogique de l'Aube.

1846 LEYMERIE. — Mémoire sur le terrain épicrétacé des Corbières et de la Montagne Noire. — Mém. soc. géol., t. I.

1846 ORBIGNY. — Paléontologie Française. Terrains crétacés, t. III.

1846 ORBIGNY. — Voyage de l'Astrolabe (Paléontologie).

1846 REUSS.— Die versteinerungen der Bœhmischen kreideformation.

1847 ARCHIAC. — Fossiles du Tourtia. Mém. soc. géol., t. II.

1847 BAYLE. — Cours de géologie des Ponts.

1847 BAYLE in FOURNEL. — Richesse minérale de l'Algérie.

1847 GRAVES. — Topographie géognostique de l'Oise.

1847 KNER. — Kreid Lemberg. — Natur. Abhand, t. III.

1847 MÜLLER. — Monographie der Petrefacten der Aachener kreideformation.

1847 MANTELL. — Geology of Ile of Wight.

1847 PICTET et ROUX. — Mollusques des Grès verts de la Perte du Rhône.

1848 BRONN. — Index paleontologicus.

1849 ALTH. — Geognostisch-palæontologische Beschreibung der næchsten Umgebung von Lemberg.

1849 BROWN. — Illustrations of the fossil conchology of
Great Britain and Ireland.

1849 GEINITZ. — Das Quadersandsteigebirge oder kreide-
gebirge in Deutschland.

1849 SHARPE — On the secondary district of Portugal
which lies on the North of the Tagus. Quart.
Journ. soc. geol. London. vol. VI.

1850. ORBIGNY. — Prodrôme de Géologie stratigraphique.

1850. DIXON. — Geology of Sussex.

1851. LEYMERIE. — Nouveau type pyrénéen. Mém. Soc.
Géol. t. IV.

1851. COQUAND et BAYLE. — Fossiles secondaires du Chili.
Mém. Soc. Géol. t. IV.

1852. QUENSTEDT. — Handbuch der Petrefaktenkunde.

1852. GIEBEL. — Deutschlands Petref.

1852. CONRAD. — Lynch's report of the Exploration to
the Dead see and River Jordan.

1852. COQUAND. — Description géologique et minéralogique de la province de Constantine. Mém.
Soc. Géol. t. V.

1852. BEYRICH. — Bericht über die von Owerveg auf der
Reise von Tripoli nach Murzuk and von Murzuk
nach Ghat gefundenen Versteinerungen. (Aus
den Monatsberichten über die Verhandlun-
gen der Gesellschaft für Erdkunde zu Berlin,
Band. IX, s. 154 ff.).

1852. ROEMER F. — Die Kreidebildungen von Texas und
ihre Organischen Einschlüsse.

1853. SHUMARD. — Exploration of the red River of Louisiane. Marcy's Report.

1853. GUÉRANGER. — Répertoire paléontologique de la
Sarthe.

1853-1857. COTTEAU. — Etudes sur les Mollusques Fossiles
de l'Yonne.

1854-1858. PICTET et RENEVIER. — Description des fossiles du terrain aptien de la Perte du Rhône et
des environs de Sainte-Croix.

1854. MORRIS. — Catalogue Britishs Fossils, 2ª édit.

2

1854. Coquand. — Description géologique de la province de Constantine. Mém. de la Soc. Géol. t. v.

1856. Hall. — Explorations and Surveys for a Railroad route from the Mississipi river to the Pacific Océan.

1857. Conrad. — Emory's Report on the United States and Mexican Boundary Survey.

1858. Raulín: — Statistique géologique de l'Yonne.

1858. Marcou. — Geology of north America.

1858. Knerr. — Neue Beitraege zur Kenitniss der Kreidevésteinerüngen von Ost. Galizien.

1858. Helmersen. — Pacht-Geognostische untersuchungen in den mittleren gouvernements Russlands Zwischen der Düna and Wolga.

1859. Gabb. — Catalogue of the invertebrata fossils of the cretaceous formation of the United States.

1859. Coquand. — Synopsis des animaux et des végétaux fossiles observés dans la formation crétacée du S.-O. de la France. — Bull. Soc. Géol. t. xvi.

1860. Coquand. — Description géologique et paléontologique de la Charente.

1860. Owen. — Geological Reconnaiss. of the middle and Soutern Counties of Arkansas.

1861. Gabb. — Synopsis of the Mollusca of the Cretaceous formation.

1861. Gümbel. — Geognostische Berchreibung des Baierischen Alpengebirges und Seines Verlandes.

1861. De Loriol. — Animaux invertébrés fossiles de l'étage néocomien du Mont Salève.

1863. Coquand. — Description géologique et paléontologique de la région sud de la province de Constantine.

1863. Schafaeult. — Sud-Bayerns Lethæa Geognostica.

1864. Gabb. — Geology Surwey of California.

1864. Meek. — Check list of the invertebrata fossils of North America. — Cretaccous Formation.

1864. Meneghini. — Ostriche cretacée di Sicilia. Atti della Societa Italiana delle Scienze naturali, t. v.

1865. COQUAND. — Monographie paléontologique de l'Aptien d'Espagne.

1865. VERZEINISS de Vesteinerungen naturalien cabinet zu Coburg.

1865. PÉRON. — Notice sur la Géologie du canton de Saint-Fargeau.

1866. SEGUENZA. — Sulle importanti relazioni paleontologiche di talune rocce cretacee della Calabria con alcuni terreni di Sicilia et dell' Africa settentrionale.

1866. ZITTEL. — Die Bivalven der Gosaugebilge, in den Norddoestlichen Alpen.

1869. DE LORIOL et GILLIERON. — Monographie paléontologique et stratigraphique de l'étage urgonien inférieur du Landeron. Mém. de la Soc. helvétique des sc. natur. t. XXIII.

1869. L. LARTET. — Expédition de M. le duc de Luynes à la Mer Morte. — Paléontologie.

1869. BAUERMAN. — Geological Reconnaissance made in Arabia Petræa. — Quart. Journ. Geolog. Society London.

MONOGRAPHIE

DU

GENRE OSTREA [1]

GENRE OSTREA, LINNÉ.

Gryphæa, LAMARCK. — **Exogyra**, SAY. — **Amphidonte**, FISCHER. — **Alectryonia**, FISCHER.

Coquille adhérente, inéquivalve, irrégulière, à crochets écartés, devenant très-inégaux avec l'âge, et à valves supérieures se déplaçant pendant la vie de l'animal. Charnière sans dents, ligament demi-intérieur, s'insérant dans

(1) Le genre *Ostrea* a été subdivisé par quelques naturalistes en quatre genres ou sous-genres d'après des caractères tirés de la position du crochet, ou de certaines particularités offertes par l'intérieur ou l'extérieur des valves. Nous n'avons pu adopter ces divisions, qu'on doit tout au plus regarder comme des coupes artificielles, parce que les accidents invoqués n'ont aucune valeur et qu'ils ne persistent pas même chez les individus qu'on a considérés comme les prototypes de ces différents genres. Nous donnons toutefois leur caractéristique.

Genre *Gryphæa*, Lamarck. — Coquille libre, inégale ; la valve inférieure grande, concave, terminée par un crochet saillant, courbé en spirale involute : la valve supérieure petite, plane et operculaire. Charnière sans dents : une fossette cardinale, oblongue, arquée. Une seule impression musculaire sur chaque valve.

Genre *Exogyra*, Say. — Coquille inéquilatérale, inéquivalve ; impres-

une fossette cardinale des valves; la fossette de la valve
inférieure croissant avec l'âge comme son crochet et acqué-
rant quelquefois une grande longueur.

sion musculaire unique dans chaque valve : valve inférieure, concave,
adhérente, terminée par un crochet contourné en spirale. Valve supérieure plane, operculiforme.

Genre *Amphidonte*, Fischer de Waldheim. — Coquille libre, inéquilatérale, très inéquivalve : la valve inférieure très concave, à sommet très-
recourbé au crochet : la supérieure operculaire, plane, petite, contournée
un peu en spirale : charnière et bords dentés des deux côtés : ligament
inséré dans une fossette allongée et transverse : deux impressions musculaires, l'une profonde et conique, immédiatement au dessous de la charnière, l'autre ovale, moins profonde, sur le côté du milieu des valves.

Genre *Alectryonia*, Fischer. — Coquille adhérente, inéquivalve, à bords
fortement plissés, mais d'égale longueur : charnière sans dents. Une
fossette cardinale triangulaire, sillonnée en travers, donnant attache au
ligament.

Au surplus, pour démontrer l'insuffisance des caractères d'après lesquels le démembrement du genre *Ostrea* a été opéré, nous n'avons qu'à
transcrire ici les observations judicieuses de M. Deshayes.

Lorsqu'on étudie les Huitres avec attention, dit ce savant conchylio-
giste, la première chose qui frappe, c'est que les espèces sont très-variables
dans la forme. Si l'on parvient à rassembler toutes ces variétés de formes
dans plusieurs espèces, on en rencontre presque toujours quelques unes
dont le crochet, selon la manière dont la coquille a été attachée, est
contourné soit latéralement, soit en dessus, comme dans les Gryphées.
On peut donc dire que la plupart des espèces d'Huitres ont leurs variétés
gryphoïdes. Il faut ajouter aussi que si l'on faisait une application rigou-
reuse du caractère des Gryphées à ces variétés, on pourrait les compren-
dre dans ce genre, tandis que d'autres individus seraient parmi les Huitres. On voit entre les Gryphées et les Huitres un passage insensible, et
dans une grande série d'espèces et de variétés, il serait impossible de
poser rationnellement la limite des deux genres. Cette limite est d'autant
plus difficile à apercevoir que, dans une même espèce, on trouve toutes les
formes des deux genres. Il ne paraît pas conforme à l'esprit qui dirige
actuellement les naturalistes dans l'art difficile d'observer, de se borner
à l'examen des formes extérieures. Il convient d'entrer plus avant et de
voir si les caractères essentiels de ces genres offrent une valeur suffisante
pour leur conservation. Nous avons la ferme conviction que l'examen
comparatif des Gryphées et des Huitres prouvera aux personnes, qui se
donneront la peine de le faire attentivement, qu'il est rationnel de réunir
les deux genres.

Lamarck dit que dans la Gryphée, la coquille est libre, il est à cet
égard dans l'erreur : il y a des Gryphées qui se fixent sur les corps solides
comme les Huitres et qui demeurent en place pendant leur existence :
toutes les autres ont été fixées plus ou moins longtemps pendant leur
jeune âge, et ne sont devenues libres qu'en vieillissant. Cette observation
peut se faire aussi pour plusieurs espèces d'Huitres, et particulièrement

1. Ostrea Verneuili, LEYMERIE; 1869.
Pl. 34, fig. 1-4.

Coquille ostréiforme et parfois exogyriforme, de grande taille, épaisse, allongée, sub-acuminée. Valve inférieure convexe, adhérente par le sommet ou par toute sa surface, formée de couches lamelleuses. Valve supérieure presque plane, de figure linguiforme, également formée de feuillets lamelleux. L'une et l'autre valve portent à la charnière un léger talon qui s'allonge avec l'âge. Impression musculaire prononcée mais petite et assez étroite relativement à la taille de la coquille, placée un peu au-dessous de la ligne médiane près du bord gauche.

Longueur habituelle comprise entre 8 et 10 centimètres, atteignant quelquefois 13 cent.

Cette espèce, facile à reconnaître, surtout à la forme allongée et à la figure linguiforme de sa valve ventrale, a été découverte par M. Leymerie à la base du garumnien à Mérigon de Poudelaye (Ariége) ; aux environs de Ste-Croix, dans le massif d'Ausseing et à Lacarrau, près St-Martory, ainsi que dans la vallée de la Sègre (Aragon), au col de Nargo, au sud d'Organya, dans un grès calcareux lignitifère.

Pl. XXXIV, fig. 1-3 : variété ostréiforme; fig. 4, variété exogyriforme. De la collection de M. Leymerie. (1).

pour celles qui vivent sur les fonds vaseux ou de sable. Dans les Huitres comme dans les Gryphées, les valves sont inégales, et dans les deux genres, c'est la valve gauche qui est la plus grande. Le crochet des Gryphées est courbé en spirale involute. Ce caractère est constant dans plusieurs espèces mais il ne l'est pas dans toutes. A cet égard, les variations sont comparables à celles des Huitres : s'il existe des Huitres gryphoïdes, il y a aussi des Gryphées ostréiformes. Quant aux caractères qui semblent plus importants, ceux de la charnière et de l'impression musculaire, nous pouvons dire qu'ils sont tellement semblables dans les deux genres, que nous sommes surpris que Lamarck se soit laissé entraîner à la création du genre inutile des Gryphées.

M. Say à proposé un nouveau genre auquel il a donné le nom d'*Exogyra*. Il est formé pour rassembler celles des Gryphées, dont le crochet, au lieu de se relever au dessus des valves, se contourne latéralement. Ce genre est encore moins utile que celui des Gryphées, et doit être rejeté par les mêmes raisons. Il n'a pas un seul caractère que l'on ne trouve aussi dans les Huitres et quelquefois dans les variétés d'une même espèce.

(1) Les exemplaires de toutes les espèces décrites dans notre ouvrage sont dessinées de grandeur naturelle.

2. Ostrea Garumnica, H. Coquand. 1869.
Pl. 34, fig. 5-8.

1862. *Ostrea depressa*, Leymerie, Bull. t. 19, p. 1091 (non Phill.)

Coquille ostréiforme et exogyriforme à la fois, d'une taille ordinaire, plutôt petite que grande, suborbiculaire ou ovoïde, très-déprimée. Valves planes ou légèrement bosselées; valve inférieure adhérente par le sommet ou par sa surface entière, légèrement convexe; valve supérieure concave ou très-légèrement bombée, portant une impression musculaire presque superficielle, de moyenne grandeur, à peu près aussi haute que large. Les deux valves sont composées de lames très-serrées. M. Leymerie, auquel nous devons la communication et la description de cette espèce, désigne par l'épithète d'*Exogyralis* la variété dont le crochet est contourné en spirale du côté gauche.

Cette Huître ressemble beaucoup à l'*Ostrea plana* Desh. du calcaire grossier du Valmondois, qui n'est connue que par une valve inférieure. Elle a été découverte par M. Leymerie, à la base du terrain garumnien, à Marsoulas (Ariége) et à la métairie de Lacarrau, près Saint-Martory, dans des grès ou des argiles lignitifères qui contiennent des débris de Tortues et de Crocodiles.

Pl. XXXIV, fig. 8, variété ostréiforme; fig. 5-7, variété *Exogyralis*. De la collection de M. Leymerie.

3. Ostrea Megæra, Orbigny. 1850.

1859. *O. Megæra*, Orb. 1850, Prod. t. 2, p. 294.

Espèce qui n'est connue que par la caractéristique suivante : Petite espèce, oblongue, convexe, ornée de cinq grosses côtes rayonnantes, peu régulières, très-élargies à la région palléale.

Calcaire pisolitique de la Falaise, près de Beynes (environs de Paris).

4. Ostrea Lameraciana, H. Coquand. 1859.
Pl. i.

1859. *O. Lameraciana*, H. Coquand, Bulletin, t. 16, p. 1017. — Charente, t. 11, p. 192. — Synopsis, p. 136.

Coquille ostréiforme, de grande taille, subéquivalve, très-irrégulière, de forme généralement trapézoïdale, déprimée et plate, quoique la surface des valves soit inégale, tourmentée et bosselée. Sommet quelquefois obtus, oblique, souvent proéminent, fortement incliné. Valve inférieure légèrement convexe, à bords relevés en ailes de chapeau, lisse, adhérente par sa surface entière. Valve supérieure légèrement concave. Impression musculaire ovale, très-grande. Test feuilleté. Des stries frangées et comme denticulées se détachent du sommet de l'intérieur des valves, dont elles suivent les bords, et s'évanouissent vers le milieu de la coquille.

Cette espèce, dont la valve inférieure est constamment doublée de la valve d'un autre individu, est de forme et de grandeur variables; mais la physionomie générale qu'elle conserve ne permet pas de la confondre avec aucune autre.

Nous l'avons découverte au hameau des Philippeaux, près de Lamerac, au Maine-Blanc, près de Montmoreau, et à Aubeterre (Charente), associée avec les *Radiolites Jouanneti* et *Hippurites radiosus*, dans notre étage dordonien.

Pl. I, fig. 1, individu de grande taille. Fig. 2, individu de taille moyenne, valve inférieure. Fig. 3, le même, intérieur de la valve. Fig. 4, le même, vu de profil. Fig. 5, individu de forme transverse. De notre collection.

5. Ostrea Bomilcaris, H. Coquand. 1862.
Pl. 2, fig. 12-15.

1862. *O. Bomilcaris*, Coquand, Pal. Constantine, pl. 21, fig. 4-6.

Coquille ostréiforme, se coudant à angle droit sur le côté et se terminant par un prolongement aliforme très-développé. Valves inégales, l'inférieure convexe, couverte de nombreuses côtes rayonnantes, régulières, aiguës, très-rapprochées, partant du sommet et suivant une arête tranchante parallèle au côté buccal, se bifurquant de distance en distance, de manière à dépasser le nombre de 40 sur le pourtour extérieur de la coquille. Aux points d'intersection avec les lignes d'accroissement, les côtes sont recouvertes d'aspérités écailleuses et sont disposées, de distance en distance, en gradins étagés. La valve supérieure est légèrement concave, et elle présente les mêmes ornements que la valve inférieure. Au-dessous des crochets qui sont contigus et proéminents, il existe une espèce de lunule excavée, portant à son centre une arête saillante, plissée, imitant une colerette à petits plis.

Cette espèce s'écarte totalement, par sa forme coudée, de toutes les Ostrea connues.

Nous l'avons découverte dans notre étage dordonien à Djelaïl et entre Sidi-Abid et Taberdga, sur le revers occidental du Djebel Auress (Prov. de Constantine). M. Mœvus nous en a communiqué quelques exemplaires provenant de Sidi-Brahim, entre Bougie et Sétif.

Pl. II, fig. 12-15, individus de Djelaïl. De notre collection.

6. **Ostrea Forgemolli**, H. Coquand. 1862.
Pl. 2, fig. 1-11.

1862. *O. Forgemolli*, Coquand, Pal. Constantine, pl. 21, fig. 7-9.

Coquille ostréiforme, presque aussi large que haute, arquée, irrégulière, inéquivalve, de forme subtriangulaire, rétrécie au sommet et se terminant, à la partie inférieure, dans l'âge adulte, par deux expansions, dont la plus développée est dirigée dans le même sens que le crochet. Valve inférieure convexe, labourée profondément par quatre grosses côtes élevées, tranchantes, épaisses, se bifurquant vers la région palléale, et portant, de distance en distance, des saillies aiguës, déterminées par l'entrecroisement des plis d'accroissement, qui sont très-espacés, et dans l'intervalle desquels on observe des stries moins accusées. Ces côtes sont séparées par des sillons larges et excavés, sous forme de gouttières profondes. Valve supérieure légèrement concave, présentant les mêmes ornements que l'autre. Crochets obliques, presque égaux, faiblement écartés, ordinairement aigus. Jeune, la coquille a souvent les crochets émoussés, les côtes moins prononcées et les expansions terminales moins développées.

Nous avons découvert cette élégante espèce dans l'étage dordonien, à Djelaïl et à Taberdga (prov. de Constantine).

Pl. II, fig. 1-3, individu adulte. Fig. 4-7, individu dépourvu d'expansion. Fig. 8-11, individu avec côtes moins accusées. De notre collection.

7. **Ostrea Fourneti**, H. Coquand. 1862.
Pl. 3 et pl. 13, fig. 1.

1854. *Ostrea cornu-arietis*, Coquand, Géol. Constantine, pl. 5, fig. 1-2 (non fig. 3 et 4), (non Nilsson.)
1862. — *Fourneti*, Coquand, Pal. Constantine, pl. 21. fig. 1-3.

Coquille exogyriforme, épaisse, courbée en arc de cercle, adhérente par le sommet. Valve inférieure profonde, épaisse, arrondie à son pourtour, portant vers la région des crochets des plis longitudinaux rapprochés, peu saillants, s'atténuant sur le reste de la coquille où ne se montrent plus que des lignes transversales d'accroissement. Crochet fortement roulé en spirale. Valve supérieure operculiforme, légèrement bombée, sillonnnée de plis concentriques tranchants très-serrés, surtout vers le pourtour extérieur.

Cette espèce offre beaucoup de ressemblance avec l'O. *torosa*; mais cette dernière en diffère par les plis longitudinaux et les lamelles tranchantes qui ornent sa valve inférieure.

Nous l'avons recueillie dans l'étage dordonien, entre Sidi Abid et Taberdga, à Djelaïl, près du Sahara. M. Brossard l'a retrouvée associée à la *Radiolites Jouanneti*, à Dra-Tabarount, Fermatou, Ouled Saber, Ouled Sellini et El-Alleg

(Prov. de Constant.) M. Nicaise l'a rapportée de Sénalba, près de Djelfa (Prov. d'Alger).

Le Musée de Besançon en possède un exemplaire recuilli par M. Perron dans le désert de l'Arabah, chez les Beni-Souief, en Syrie. Enfin, nous l'avons reçue dernièrement de St-Mametz (Dordogne). localité qui est le type de notre étage dordonien, où elle est associée, comme en Algérie; à la *R. Jouanneti.*

Pl. III. — Individus de divers âges de provenance Africaine. P. XIII, individu de Saint-Mametz. De notre collection.

8. Ostrea Villei, H. COQUAND. 1862.
Pl. 4, fig. 1-8 et pl. 5, fig. 1-4.

1862. *O. Villei*, Coquand, Pal. Constantine, pl. 22, fig. 1-4.

Coquille ostréiforme, subtriangulaire, épaisse, inéquivalve. Valve inférieure légèrement convexe, ornée de côtes nombreuses assez régulières, tranchantes, se bifurquant de distance en distance et couvertes d'aspérités produites par l'entrecroisement des lames d'accroissement. Valve supérieure légèrement concave, portant les mêmes ornements que la valve inférieure. Crochets peu prononcés, contigus, placés au-dessus d'une fossette triangulaire. Impression musculaire très-large, profonde et ovale.

Cette espèce présente plusieurs variétés remarquables. Quelques exemplaires sont fortement arqués ; d'autres ont la forme d'un triangle isoscèle ; d'autres acquièrent une épaisseur considérable, surtout vers le bord palléal, où les côtes se pressent si nombreuses, qu'elles imitent la forme d'une épaulette. On observe quelquefois au-dessous des crochets une espèce de callosité lisse qui envahit une portion de la valve et y remplace les côtes.

L'*O. Villei* est spéciale à l'étage dordonien. Nous l'avons découverte entre Sidi Abid et Taberdga et à Djelail, sur les flancs méridionaux du Djebel Chechar (Prov. de Constantine). MM. Brossard et Péron l'ont retrouvée à Delmi-ben-

Fraoud, à Djebel M'zeïta, à El-Alleg, à El-Arar, chez les
Ouled Saber, à Chabet el Beug, à Tazmount, à Z'mala et
au N. d'Hamman m'ta Oued-el-Ksob (Subdiv. de Sétif).
MM. Ville, Nicaise et Marès l'ont rapportée des environs
d'Aumale, de Dalah et du S. des Emfectcha près de Boghar
(Prov. d'Alger).

Pl. IV, fig. 1, 2, individu adulte de la collection de M.
Marès. — Fig. 3 et 4, individu de forme triangulaire. —
Fig. 5, 6, 7, 8, individus de Dalah. — Pl. V, fig. 1-3, in-
dividus des environs de Djelaïl. — Fig. 4, individu avec
callosité. De notre collection. Fig. 5-8, individus déformés.
De la collection de M. Marès.

9. Ostrea auricularis, Geinitz. 1849.

Pl. 8.

1799. . . . . Faujas, Maestricht, pl. 23, fig. 3.
1801. *Planospirites ostracina*, Lamk., An. S. Vert,. p. 700.
1820. *Ostracites haliotideus*, Schlot., Petref., p. 28 (non Sow.).
1821.　　— 　　*auricularis*, Wahl., Petref., p. 58 (non Brong.).
1827. *Chama cornu-arietis*, Nilss., Petref., pl. 8, fig. 1. — Hising.
　　　　Lethæa, pl. 19, fig, 1. (non Goldf.)
1827.　　— 　　*haliotidea*, Nilss., Petref., pl. 8, fig. 3. — Hising,
　　　　Lethæa, pl. 19, fig. 3 (non Sow.)
1829. *Amphidonte Blainvillei*, Fisch., Bull. nat. Moscou, pl. 1, fig.
　　　　5. — Oryctog., pl. 51, fig. 3-6.
1829.　　— 　　*Humboltii*, Fisch. Bull., pl. 1 fig. 1-4. — Oryc-
　　　　tog., pl. 51, fig. 2-3.
1834. *Exogyra planospirites*, Goldf., Petref., pl. 88, fig. 2.
1834.　　— 　　*plicata*, Goldf., Petref., pl. 87, fig. 5-6. (non 5 a,
　　　　c, d, e, f.)
1834.　　— 　　*auricularis* Goldf., Petref., pl. 88, fig. 2. (non
　　　　Brongn).
1837. *Amphidonte Blainvillei*, Pusch, Pol. Pal., p. 39.
1837.　　— 　　*Humboltii*, Pusch, p. 39.
1837.　　— 　　*cornu-arietis*, Pusch, p. 38.
1840. *Exogyra cornu-arietis*, Röm., Nord. Kreid, p. 58.
1842.　　— 　　*staumatoïdea*, Forbes, Indes, pl. 17. fig. 15.
1846. *Ostrea crepidula*, Orb., Astrol., pl. 5, fig. 43 (non Desh).
1847. *Exogyra auricularis*, Reuss, Bœhm. Kreid., pl. 27, fig. 11.
1849. *Ostrea auricularis*, Geinitz, Quad. p. 204.
1851. *Exogyra pyrennica*, Ley., Mém., t. 4, pl. 10, fig. 4-6. (non
　　　　Orb. 1850.)

1851 *Exogyra densata*, Conrad, Dead see, pl. 18, fig. 103. (non
    fig. 102.)
1852.   —   *Overwegi*, de Buch, (Vtas lævigata) Bericht, pl. 1,
    fig. 2.
1858.   —   *interrupta*, Conrad, Journ Acad., t. 3, 2ᵐᵉ série,
    pl. 34.
1858. *Ostrea pyrenaica*, Coquand, Bull., t. 16, p. 1006 — Cha-
    rente, t. 2, p. 174 — Synopsis p, 118. — Pal.
    Constantine, p. 307.
1859. *Exogyra reniformis*, Binkorst, Limbourg.

Coquille exogyriforme, auriculaire, courbée en arc de
cercle. Valve inférieure plate dans sa région médiane, limitée dans son contour extérieur par une arête obtuse, au-
dessous de laquelle la valve tombe brusquement. Crochet
fortement arqué. Valve supérieure operculiforme, sillonnée
de plis concentriques d'accroissement. Quelques individus,
les jeunes surtout, ont la valve inférieure couverte de
stries rayonnantes.

Cette espèce ne peut être confondue qu'avec l'*O. decussata*; mais elle s'en distingue par sa forme plus allongée et
plus étroite, et surtout par l'absence de carène sur le milieu
de la valve inférieure.

Nilsson a décrit sous le nom de *cornu-arietis* la même
espèce que Wahlenberg avait nommée *auricularis*. Sous le
nom de *plicata*, Goldfuss a désigné trois espèces différentes,
dont l'une, provenant de Maestricht, est celle dont nous
nous occupons. Brongniart, à son tour, a appelé *auricularis*
une huître toute différente.

Cette espèce appartient à l'étage campanien et se trouve
à Aubeterre, Barbezieux, Royan, Archiac, Gensac. Ausseing (France); à Balsberg, Moerby, Kjugestrand (Suède);
à Kalouga, Briansk, Wislica, Simphéropol (Russie); à
Maëstricht, Rügen, Gehrden, Aix-la-Chapelle; dans l'Un-
terplanerkalk de Bilin, à Hradek et Trziblitz (Bohême); à
Dejbel Tafrent, Youk's, Djebel Dir, Doukkan, Aïn Beïda,
Djebel Aïa (Algérie); à Ammada el Guelb-el- Zerzour, près
de R'hadamès (Tripoli); dans les Monts Attaka (isthme de
Suez); à Wadi Zerga Maïn, à l'E. de la mer Morte; à Ver-

dachellum, Pondichéry et Alliarpetti (Inde); dans le Missouri et à l'île Quiriquina (Amérique).

·Pl. ·VIII, ·fig. ·1-2, types de ·Nilsson; 3, 4, 5, 6, 8, de·Gensac, de notre collection. 7, 9, 10, types de Goldfuss. Fig. 11, de R'hadamès. Fig. 12, de l'Inde, de notre collection.

10. Ostrea decussata, H. Coquand. 1869.

Pl. 7.

1799. ...... Faujas, Maestrich, pl. 22, fig. 2.
1827. *Chama conica*, Nilsson, Petref. pl. 8, fig. 4. — Hisinger, Lethæa, pl. 19, fig. 4. (non Sow.)
1834. *Exogyra decussata*, Goldf., Petref., pl. 86, fig. 11.
1834. — *conica*, Goldf., Petref., pl. 87, fig. 1, (pars).
1837. — *aquila*, Archiac, Form. crét., p. 185.
1844. — *cornu-arietis*, Potiez et Michaud, Douai, pl. 43, fig. 12.
1844. — *haliotidea*, Pot. et Mich., Douai, pl. 46, fig. 1, 2.
1849. *Gryphæa decussata*, Brown, Illust., pl. 61, fig. 15, 16.
1849. *Ostrea cornu-arietis*, Gein., Quad., p. 204.
1850. — *subinflata*, Orb., Prod., t. 11, p. 256 (pars).
1850. *Gryphæa decussata*, Desh., 2ᵉ éd. Lamarck, p. 207.
1858. — *auricularis*, Helm., Duna, pl. 7, fig. 4.
1859. *Ostrea cornu-arietis*, Coq., Bull., t. 16, p. 1007 — Synopsis, p. 118 — Charente, t. 2, p. 174. Pal. Const. p. 307.
1859. — *Overwegi*, Coq., Bull., t. 16, p. 1007 — Synopsis, p. 118 — Charente, t. 2, p. 174.

Coquille exogyriforme, ovale, arquée, gibbeuse, lisse, inéquivalve. Valve inférieure profonde, marquée de quelques plis concentriques, séparée en deux régions par une carène médiane, obtuse, très-prononcée. Sommet contourné, libre ou adhérent. Valve supérieure operculiforme. On observe sur un assez grand nombre d'individus, et surtout chez les jeunes, une série de stries treillissées, ou de légères côtes rayonnantes, interrompues, qui se détachent de la valve inférieure et envahissent une portion plus ou moins considérable de la surface.

Cette espèce, par sa forme gibbeuse, et surtout par la

carène médiane de sa valve inférieure, qui est une véritable ligne de faîte, se sépare nettement de l'*O. auricularis* avec laquelle on peut la confondre, et avec laquelle elle a été souvent confondue.

Cette espèce a été créée par Goldfuss. Cet auteur, cependant, sous le nom de *conica*, a figuré plus tard deux espèces distinctes, dont l'une est l'*O. conica* véritable, provenant de l'étage rothomagien de Quedlinburg, et l'autre la *decussata*, provenant de Maëstricht.

Elle caractérise l'étage campanien. Elle se trouve à Aubeterre, Bardenac, Barbezieux, Deviac, Royan, Archiac, Gensac (France); à Charlton (Angleterre); à Moerby (Suède); à Ciply (Belgique); à Jukowka, Baghtohsch Saraï, Tchoufout, Kaleh, Simphéropol (Crimée); à Aix-la-Chapelle, Maëstricht, Goppeln, Giltersee, Plauen, Bonnewitz, Strehlen, etc., dans les Harectas (Algérie).

Pl. VII, fig. 13, 14, 15 et 17, types de Goldfuss. Tous les autres exemplaires proviennent de la Charente et de notre collection.

11. Ostrea anomiæformis, ROEMER. 1849.
Pl. 4, fig. 9-13.

1849. *Ostrea anomiæformis*, F. Roemer, Texas, p. 394 et Kreid. Texas, pl. 9, fig. 7.

Coquille ostréiforme, petite, orbiculaire, subéquilatérale. Valve inférieure convexe, ornée de stries concentriques irrégulières, sublamelleuses; crochet élevé, épais, débordant, recourbé. Valve supérieure circulaire, plane, mince, tronquée vers la région cardinale, ornée de stries concentriques et recouverte d'un épiderme mince, formé de plis radiés; sommet plane et submarginal. De l'étage campanien de Neu-Braunfels (Texas).

Pl. IV, fig. 9-13, types de M. Roemer.

13. Ostrea arietina, ORBIGNY. 1850.
Pl. 5, fig. 10-13.

1849. *Exogyra arietina*, Röm., Texas, p. 307 et Kreid. Texas,
pl. 8, fig. 10.
1850. *Ostrea* — Orb., Prod., T. 2, p. 257.
1853. *Exogyra caprina*, Conrad , Jour. Ac. Phil., t. 2, pl. 24,
fig. 3-4.
1857. — *arietina ,* Conrad , Boundary, pl. 7, fig. 1.

Coquille exogyriforme, épaisse, renflée, allongée, tordue
en forme de Diceras. Valve inférieure contournée, munie
dans sa partie médiane d'une carène obtuse, ornée de
stries concentriques légèrement imbriquées, et creusée d'un
sillon peu profond vers la région du crochet. L'intérieur
de la valve est profondément excavé et lisse ; sommet proéminent, libre et très-fortement contourné à gauche. Valve
supérieure operculiforme, ornée de stries concentriques
sublamelleuses très-serrées. Sommet plane et contourné en
spirale.

Cette espèce, qu'on prendrait au premier aspect pour un
Diceras, tant est contournée et saillante sa valve inférieure,
se sépare nettement des autres Huitres connues.

De l'étage campanien de Vacoe-Legers, de Missious-
Berge de Neu-Braunfels (Texas) et de Léon Springs.

Pl. V, fig. 10-13. Types de M. Roemer et de notre collection.

14. Ostrea Normanniana, ORBIGNY, 1847.
Pl. 5, fig. 5-7.

1847. *Ostrea Normanniana ,* Orb., Pal. fr., t. 3, pl. 488, fig. 1-3.
1862. — — Chenu, Man. Conch. p. 195, fig. 990.

Coquille ostréiforme, ovale, un peu oblique, tellement déprimée qu'on reconnaît à peine la convexité de ses deux
valves. Celles-ci sont à peu près égales, marquées de quelques lignes d'accroissement concentriques, et comme papy-
racées sur leurs bords ; sommet obtus à talon court et obli-

que, orné de chaque côté d'expansions aliformes. Adhérente par toute sa valve inférieure.

Cette espèce, bien distincte par sa forme aplatie, ovale, a du, suivant d'Orbigny, avoir été confondue avec l'*O. vesicularis* jeune, dont la distinguent sa valve supérieure et ses bords tranchants.

De l'étage campanien inférieur de Dieppe, de Chavot, de Tartigny et de l'upper chalk de Brighton (Angleterre). Pl. V, fig. 5-7. Types de d'Orbigny.

15. Ostrea subinflata, ORBIGNY. 1850.

Pl. 5, fig. 8 et 9.

1799. ...... Faujas, Maestrich, pl. 28, fig. 6.
1834. *Exogyra inflata*, Goldf., Petref., pl. 114, fig. 8. (non Gmel, 1789.)
1850. *Ostrea subinflata*, Orb., Prod., t. 2, pl. 256 (non la synonymie).
1859. *Exogyra subinflata*, Binkorst, Limb., p. 39.
1861. *Exogyra staumaloiden*, Gabb, Syn., p. 126.
1861. — *decussata*, Gabb, Syn., p. 122.
1861. *Gryphœa orientalis*, Gabb. Syn., p. 126.

Coquille exogyriforme, ovale, transverse, gibbeuse. Valve inférieure renflée, profonde, lisse, portant dans sa région médiane une carène très-obtuse et un pli à peine indiqué sous le crochet. Sommet peu développé, contourné sur la gauche. Valve supérieure oprculiforme, subconcave, avec des plis d'accroissement lamelleux et concentriques.

Cette espèce se distingue de l'*O. decussata* par sa forme plus obèse, plus épatée et par une gibbosité plus grande.

Elle est campanienne et elle se trouve à Laversines (Oise), à Aubeterre (Charente), ainsi qu'à Maestricht.

Pl. V. fig. 8 et 9. Types de Goldfuss.

16. Ostrea Ferdinandi, H. COQUAND. 1869.

Pl. 5, fig. 14, 15

1849. *Exogyra lœviuscula*, Römer, Texas, p. 308, pl. 9, fig. 3. (non Münster 1834).
1857. — — Conrad, Boundary, pl. 7, fig. 4.
1861. — — Gabb, Synopsis, p. 123.

Coquille exogyriforme, obtuse, ovale et gibbeuse. Valve

3

inférieure hémisphérique, portant une une carène médiane très-obtuse, ornée, surtout vers les bords, de stries peu saillantes et irrégulières. Sommet très-développé, contourné sur lui-même, libre; contour extérieur des valves mince.

Cette espèce offre une très-grande ressemblance avec l'*O. subinflata*, et nous avons hésité beaucoup avant de l'en séparer. Elle s'en distingue cependant par sa forme moins transverse et surtout par son crochet développé et plus contourné sur lui-même.

Elle est campanienne et se trouve à Léon Springs et à Neu-Braunfels (Texas).

Pl. V, fig. 14, 15. Types de Roemer.

17. Ostrea Nicaisei, H. Coquand, 1862.
Pl. 6.

1849. *Ostrea elegans*, Bayle, Rich. Min. Alg., pl. 17, fig. 19-23.
(non Deshayes).
1862. — *Nicaisei*, Coquand, Pal. Const., pl. 22, fig. 5-7.

Cette espèce, qui est constamment ostréiforme, présente de grandes variations, suivant l'âge des individus.

Dans le jeune âge, la coquille est généralement linguiforme, la valve supérieure un peu moins bombée que l'inférieure. On y aperçoit déjà les indices des plis qui doivent se développer plus tard et lui donner sa physionomie propre. La surface des valves est alors ornée de trois, quatre ou cinq grosses côtes, naissant à une petite distance de la charnière et divergeant vers le pourtour de la coquille. Les intervalles que les côtes élevées et arrondies laissent entre elles ont une largeur égale. Il résulte de cette disposition que la surface des valves semble être plissée sur elle-même, les côtes s'alternant sur les deux valves, c'est-à-dire, que les plis de la valve supérieure correspondent aux intervalles de la valve inférieure. Pourtour des valves profondément ondulé et flexueux, quand on regarde la coquille dans le plan de la valve. Les lamelles qui dessinent l'accroissement du test sont très-apparentes et fort irrégulières sur la surface des valves. A l'époque qui marque le développement que la coquille acquiert entre le premier âge et l'âge adulte, sa forme est généralement ronde ou bien triangulaire, c'est-à-dire, plus longue que large. Quelques individus restent très-aplatis, d'autres plus bombés.

Cette espèce, très-abondante dans l'étage campanien inférieur de l'Algérie, a été trouvée à M'zâb-el-Messaï, Aïn-'Touta, Djebel R'harribou, près de la Montagne de Sel d'Outaïa, Djebel Doukkan, Taberdga, Ouled Saber, Kermouch, M'zéita, Krafsa, M karta, El-Alleg, Doukera, Oued Djelfa, avant d'arriver à O. S'liman, et sur la rive gauche de l'O. Djennan à 13 kilomètres d'Aumale ; enfin en Tunisie.

Pl. VI, individus de tous les âges. De notre collection.

18. Ostrea vesicularis, LAMARCK, 1806.
Pl. 13, fig. 2-10.

1768. ...... Knorr, Mertw. Nat. D, 4, fig. 2.
1799. ...... Faujas, Maestricht, pl. 22, fig. 4.
1806. *Ostrea vesicularis*, Lamk., Ann. Mus., t. 8, pl. 22, fig. 3.
1813. *Ostracites mysticus*, Schlotth., Tasch., t. 7, p. 112.
1816. ...... Smith, Strata, pl. 3, fig. 5-7.
1819. *Ostrea vesicularis*, Lamk., An. S. Vert., t. 6, p. 219.
1819. *Podopsis gryphoïdes*, Lamk., An. S. Vert., t. 6, p. 195.
1820. *Gryphites truncatus*, Schlott., Petref., p. 280.
1820. — *subchamatus*, Schlott., Petref., p. 236.
1821. *Ostrea convexa*, Say, Amer. Journ., t. 2, p. 42.
1822. — *vesicularis*, Brongn., Paris, pl. 3, fig. 5.
1823. *Gryphæa globosa*, Sow., Min. conch., pl. 392.
1827. *Ostrea vesicularis*, Nilsson, Petref., pl. 7, fig., 3, 5; pl. 8, fig. 5, 6 — Hising., Lethæa, pl. 13, fig. 2.
1827. — *clavata*, Nilsson, Petref., pl. 7, fig. 2, — Hising., Lethæa; pl. 13, fig. 2.
1827. *Gryphæa dilatata*, Nilsson, Petref., p. 29.
1827. *Ostrea incurva*, Nilsson, Petref., pl. 7, fig. 2, — Hising., Lethæa, pl. 13, fig. 5.
1828. *Gryphæa convexa*, Morton, Second. Form., pl. 4, fig. 1, 2 ; pl. 5, fig. 13.
1828. — *mutabilis*, Morton, Second. Form., pl. 4, fig. 3.
1830. *Ostrea convexa*, Morton, Sillim. Journ., t. 18, p. 250.

1830. *Ostrea pseudochama*, Desh., Encycl. Mesh., p. 292.
1832. *Gryphites ostracinus*, Verz., p. 56.
1832. *Ostrea biauricularis*, Boué, Mém. Géol. p. 200.
1832. — *globosa*, Dumont, Liége, p. 359.
1834. *Pycnodonta radiata*, Fischer, Bull. Moscou, t. 8, pl. 1, fig.20,
1834. *Gryphæa convexa*, Morton, Syn., pl. 4, fig. 2.
1834. — *mutabilis*, Morton, Syn., pl. 4, fig. 3.
1834. *Ostrea vesicularis*, Goldf., Petref., pl. 81, fig. 2, (non 2 p.)
1835. *Gryphæa dilatata*, Phillips, Yorks., pl. 6, fig. 1.
1837. — *similis*, Pusch, Pol. Pal., pl. 4, fig. 12.
1837. — *vesicularis*, Bronn, Lethæa, pl. 32, fig. 1.
1841. — *globosa*, Moxon, Illust. pl. 11, fig. 5.
1842. *Ostrea ungula equina*, Hagen., Jahrb., p. 548.
1844. — *marginata*, Reuss. Géogn., p. 178.
1846. — *vesicularis*, Orb., Pal. Fr., pl. 488 (non fig. 6 et 7.)
1846. — — Reuss, Bohm., pl. 29, fig. 21, 22; pl. 30, fig. 1-8.
1846. — — Geinitz, Grund., pl. 20, fig. 18.
1847. — — Bayle, Géol. des Ponts, pl. 6, fig. 62.
1849. *Gryphæa globosa*, Brown, Illust., pl. 11, fig. 2.
1852. — *aucella*, Roemer, Texas, pl. 9, fig. 4.
1852. — *caputoides*, Conrad, Dead sec, pl. 18, fig. 103, 104.
1852. — *vesicularis*, Conrad, Dead sec, pl. 18, fig. 105.
1860. — — Owen, Arkansas, pl. 8, fig. 6.
1864. *Ostrea vesiculosa*, Young, Geol. Mag., pl. 5, fig. 6.

Coquille ostréiforme, tendant à devenir gryphoïde dans quelques cas, lisse, semiglobuleuse, à sommet arrondi, contourné ou tronqué sur la partie adhérente, sans oreillettes. Valve supérieure concave, tronquée au sommet et marquée de lignes rayonnantes peu accusées. Valve inférieure très-convexe, globuleuse, s'arquant d'une manière régulière des crochets au bord. On remarque à la région anale une partie souvent saillante, faiblement séparée du reste par une dépression. Impression musculaire grande, ovale et peu profonde, placée latéralement du côté anal. L'impression de la valve supérieure est petite, près du bord en dedans et vis-à-vis du ligament.

Il n'y a qu'à parcourir la synonymie pour juger du nombre de désignations diverses sous lesquelles cette espèce a été décrite. La multiplicité des noms tient à des différences produites par l'âge, les stations et surtout par la manière dont la coquille a pu se développer.

Elle ressemble à l'*O. proboscidea*, surtout dans les individus jeunes : mais à l'âge adulte, le sommet de la valve inférieure est séparé de la charnière par un très-large sillon
sous forme de plan incliné.

Elle caractérise l'étage campanien. On la trouve en Fran-
ce : à Meudon, Dieppe, Monléon, Gensac, St-Marcet,
Aubeterre, Barbezieux, Royan, Archiac, etc : à Saint-Is
et à Beynes, (B. Alpes). — En Angleterre : à Kent, Lyme-
Regis, Cambridge, Hunstanton. — En Suède : à Koepinge,
Glamminge, Yngsjo, Kjugestrand. — En Allemagne et en
Bohème : à Maestrich, Plauen, Kossitz, Drahomischel,
Koschitz, Coesfeld, Dülmen, Lemfrode, Quedlinbourg,
Gehrden, Rügen, Strehlen. — En Belgique : à Ciply,
Folx-les-Caves, Heure-le-Romain. — En Russie et en Po-
logne : à Katzimirz, Wlodzislaw, Wloszezewo, Lublin,
Simbirsk, Simphéropol. — En Espagne : à Salvatierra,
Ullibari. — En Algérie : à Mzâb-el-Messaï, Outaïa, Douk-
kan, M'zeïta, M'karta, El-Alleg, Borj-el-Areridj, Boghar.
— En Asie : entre Kulcihassar et Tchaodak (Pont), El-
Sileh près de Samarie, Nechar Neby Mûsa, Mâr Saba
(Syrie). — En Amérique : à Neu Braunfels (Texas), San
Diego (Mexique), New-Jersey.

Pl. XIII, fig. 2, 3, 6, 7, 8. — Individus de Meudon,
fig. 4 de l'Algérie, fig. 5 de la Charente, de ma collection :
fig. 9 et 10, *Ostrea clavata* de Nilsson.

19. Ostrea uncinella, LEYMERIE, 1865.
Pl. 12, fig. 7-10.

1799...............Faujas, Maestricht, pl. 25, fig. 3, 7, 10.
1851. *Ostrea vesicularis*, Leym., Mém. Pyr. pl. 10, fig. 2.
1865. — *uncinella*, Leym. Bull., t. 22, p. 397.
1866. — — Leym. Elm. Geol., t. 2, p. 612.

Coquille ostréiforme, suborbiculaire, rétrécie du côté de
la charnière où elle se termine par un crochet court et aigu,
légèrement tourné sur la gauche ; valve inférieure convexe,
lisse, ou présentant des lamelles d'accroissement concentriques, portant un sinus prononcé près de la région anale.
Impression musculaire arrondie, latérale du coté anal. Au

sommet se trouve un petit talon strié; valve supérieure
operculiforme, presque plane, légèrement concave, et remarquable par les stries nettes, serrées, burinées et concentriques de sa surface extérieure. Impression musculaire
très-nette.

Cette espèce, qui ressemble beaucoup à de jeunes individus de l'*O. vesicularis*, s'en sépare nettement : 1° par son
crochet aigu ; 2° par la petite taille qu'elle conserve constamment ; 3° par l'absence des lignes rayonnantes qu'on
observe sur la valve supérieure de l'*O. vesicularis*, ainsi que
par la structure concentrique des stries qui ornent cette
même valve.

Elle est campanienne. On la trouve à Monléon, Gensac,
Saint-Marcet, Ausseing (Haute-Garonne), à Maestricht,
où on ne ne la voit jamais passer à l'*O. vesicularis* que ces
localités présentent aussi.

Pl. XII, fig. 7-10. Exemplaires de Maestricht. Collection
de l'École des Mines de Paris.

20. Ostrea torosa, Orbigny, 1850.
Pl. 0, fig. 1-3; pl. 14, fig. 1-4; pl. 15, fig. 1, 2.

1821. *Exogyra costata*, Say, Amer. Journ, t. 2, p. 53, (non Sow.)
1828. — — Morton, Soc. form., pl. 6, fig. 1-4.
1830. *Ostrea Americana*, Desh., Enc. méth., t. 2, p. 304, non Def. (1)
1834. *Exogyra costata*, Morton, Syn., pl. 10. fig. 1-4.
1834. — *torosa*, Morton, Syn., pl. 10. fig. 1.
1836. *Gryphæa Americana*, Desh. in Lamk, t. 7 p. 207.
1849. *Exogyra ponderosa*, Roem., Texas. p. 305, (non Brong.
          1820; non M. Serres 1813.
1850. *Ostrea torosa*, Orb., Prod., t. 2, p. 257.
1852. *Exogyra ponderosa*, Roem., Kreïd. Texas, pl. 9. fig. 1, 2.
1857. — *costata*, Conrad, Bound., pl. 8, fig. 2 et 3; pl. 9,
          fig. 1, 2 ; pl. 10, fig. 1.
1858. *Gryphæa sinuata*, Marcou, North Amer., pl. 3, fig. 1.

Coquille exogyriforme, épaisse, renflée, arquée. Valve
inférieure profonde, couverte de plis rayonnants qui partent

(1) Defrance caractérise de la manière suivante son *O. Americana* :
coquille très-allongée, dont je ne connais que les valves supérieures.
Longueur 3 pouces, largeur 1 pouce. Caroline du Nord.

du sommet et se dirigent vers le bord palléal, en se dichotomant ou s'anastomosant de distance en distance. Ces plis, quelquefois irréguliers, sont munis de lamelles écailleuses, imbriquées ; souvent ils se transforment en côtes régulières, séparées par des sillons d'égale largeur. Chez les vieux individus, la coquille perd ses ornements extérieurs et devient lisse ou raboteuse. Valve supérieure concave, operculiforme, ornée de côtes rayonnantes qui s'évanouissent vers la périphérie. Sommets tournés en spirale et s'atrophiant chez les vieux individus.

Cette magnifique espèce est campanienne et elle se trouve à Neu Braunfels (Texas) ; à Delaware, à New-Jersey, à Alabama, dans la Caroline du Sud, au Tennessee, à Arkansas, au Missouri, à Jacun.

Pl. IX, fig. 1, 2, 3, Types de l'*E. ponderosa* de Roemer. Pl. 14, fig. 1 et 2 et pl. 15, fig. 1, exemplaire adulte de la collection de l'Ecole des Mines. Pl. 14, fig. 3 et 4, et pl. 15, fig. 2. Individus plus jeunes de notre collection.

21. Ostrea vomer, ORBIGNY, 1850.
Pl. 16, fig. 13-15.

1828. *Gryphœa vomer*, Morton, Sec. form., pl. 5, fig. 1-3.
1830.   —   —   Morton, Sillim. Journ., t. 18, pl. 3, fig. 1,2.
1850. *Ostrea*   —   Orbigny, Prod., t. 2, p. 257.
1859. *Gryphœa plicatella*, Morton, Sill. Journ.

Coquille subgryphoïde, subrhomboïdale, globuleuse, lisse, à sommet proéminent et légèrement recourbé sur lui-même. Valve inférieure très-convexe, profonde, s'arquant d'une manière régulière du crochet au bord. Impression musculaire ovale.

Cette espèce, qui n'est connue que par les figures imparfaites de Morton, a des rapports à la fois avec l'*O. Pitcheri* et l'*O. proboscidea*. Elle diffère de la première par sa forme plus large et surtout par l'absence du sillon latéral qu'on remarque sous le crochet, et de la seconde, par sa forme plus étroite et par son crochet ghyphoïde.

Elle est campanienne et elle provient de New-Jersey. d'Orbigny la cite aussi en Egypte.

Pl. XVI, fig. 13-15. Types de Morton.

22. Ostrea Pitcheri, H. Coquand, 1869.

Pl. 9, fig. 9-12 : Pl. 12, fig. 5, 6.

1834.	*Gryphæa Pitcheri*, Morton, Syn., pl. 15, fig. 9.
1852.	— — Roem., Texas, pl. 9, fig. 1.
1853.	— — Shumard, Louisiana, pl. 3, fig. 5, et pl. 5, fig. 1.
1853.	— *navia*, Conrad.....
1855.	— *Pitcheri*, Marcou, Bull., t. 12, pl. 21, fig. 5, 6.
1856.	— — Vtas navia, Hall., Railroad, pl. 1, fig. 1, 6.
1857.	— — Conrad , Boundary, pl. 7 , fig. 3 ; pl. 10, fig. 2.
1858.	— — Marcou, North Amer., pl. 4, fig. 5, 6.
1860.	— — Owen, Arkansas, pl. 7, fig. 6.

Coquille gryphoïde, allongée, gibbeuse. Valve inférieure arquée, scaphoïde, épaisse, ornée de lamelles écailleuses concentriques, lobée longitudinalement. Le lobe latéral est distinctement séparé du reste de la coquille par un sillon profond ; crochet grand, recourbé et adhérent par son sommet seulement. Valve supérieure ovale, plane, operculiforme, portant des stries concentriques rapprochées.

Cette espèce qui, au premier aspect, rappelle l'*O. arcuata* du lias, se sépare nettement des autres Huitres de la craie par sa forme comprimée et gryphoïde, ce double caractère la distingue aussi de l'*O. vesicularis*. M. Conrad lui rapporte l'*O. dilatata* de M. Marcou, North Amer., pl. 4, fig. 1, 2, 3.

Elle est campanienne et elle se trouve à Arkansas (Nlle-Orléans), à Neu Braunfels, Léon Springs, Cross-Timbers (Texas), au Fort Washita, à Preston et dans le Nouveau-Mexique.

Pl. IX, fig. 9-12. Types de Roemer (Var *navia*). Pl. XII, fig. 5, 6. Types de M. Marcou et de notre collection.

23. Ostrea Renoui, H. Coquand. 1862.

Pl. 10, fig. 1-11 : Pl. 11, fig. 1-4.

1862. *O. Renoui*, Coq., Pal. Const., pl. 35, fig. 9-11.

Coquille ostréiforme et exogyriforme à la fois, très-variable dans sa forme et ses ornements.

Variété exogyriforme. — Coquille triangulaire, arquée, inéquivalve, valve inférieure convexe, ornées de côtes épaisses, tranchantes et espacées, simples à leur origine et se dichotomant dans leur parcours, séparées par des sillons d'égale largeur, traversées par des stries ou des plis concentriques d'accroissement, étagées sous forme de gradins, ou dessinant un système de lamelles fines et rapprochées. Crochet saillant, enroulé sur la gauche; valve supérieure concave, un peu moins haute et présentant la même ornementation que l'autre. Le nombre des côtes, l'épaisseur et la forme varient un peu suivant les individus.

Variété ostréiforme. — La disposition des côtes est la même que dans la première variété; seulement les crochets au lieu d'être contournés, sont presque contigus et droits; ce qui indique le peu de valeur qu'il convient d'attacher à ce caractère.

Cette espèce, établie en 1862 d'après de jeunes individus, a pû, grâce aux communications de M. Brossard, être figurée sous un plus grand nombre de formes. Elle offre quelque ressemblance avec l'*O. Villei*; mais elle s'en sépare par sa forme presque constante d'Exogyre et surtout par un bien plus grand espacement de ses côtes.

Elle est campanienne et elle a été recueillie sur le revers S-O. du Djebel Benat, près la Montagne de Sel d'El-Outaïa, dans la plaine des Harectas, chez les Ouled Saber, au Djebel M'zéïta, El Arar, M'kartâ, El-Alleg, Delmi Fraoud, Krafsa, Oued Deb, Boghar. Elle provient également de l'Egypte.

Pl. XI. fig. 1-11; Pl. X, fig. 1-4. Individus d'âge et de formes différentes. De notre collection.

24. Ostrea Reboudi, H. Coquand. 1869.
Pl. 15, fig. 4-6.

1862 *O. plicatuloïdes*, Coquand, Pal. Constantine, pl. 20, fig. 5-7 (non Leymerie 1851).

Coquille ostréiforme, tout à fait plate, épaisse de 4 mill. au plus, triangulaire, anguleuse, subéquivalve; valve inférieure portant cinq grosses côtes plates qui se détachent du sommet; valve supérieure offrant, mais à peine indiquées, les côtes de l'autre valve.

Elle est campanienne et provient des environs de Boghar (province d'Alger).

Pl. XV. fig. 4-6. De notre collection.

95. Ostrea Texana, H. Coquand. 1869.
Pl. 9. fig. 4-8.

1849. *Exogyra Texana*, Röm., Kreid Texas, pl. 10, fig. 1.
1855. — — Shum., Louisiana, pl. 5, fig. 1 et 5.
1857. — *Matheroniana*, Conrad, Boundary, pl. 8, fig. 1; pl. 11, fig. 1. (non Orb).
1858. — *flabellata*, Marcou, North. Amer., p. 41.
1859. — — Gabb, Catal., p. 12.
1861. — *plicata*, Gabb, synop., p. 123.

Coquille exogyriforme, ovale, oblique, convexe, épaisse; valve inférieure anguleuse, carénée, ornée de nombreuses côtes radiées, inégales et noduleuses. Ces côtes se détachent du sommet et se dichotoment à mesure qu'elles se rapprochent des bords. Crochet peu apparent, adhérent par le sommet. Valve inférieure présentant les mêmes ornements que l'autre, mais légèrement concave. Le bord inférieur est légèrement crénelé. On aperçoit au dessous du crochet une protubérence sous forme de dent calleuse. Impression musculaire semicirculaire ou ovale, submédiane.

Cette espèce présente, au premier coup d'œil, une grande ressemblance avec l'*O. Matheronana*; mais elle s'en distingue par sa forme plus large et plus étalée, ainsi que par ses côtes plus serrées, plus nombreuses et leur nombreuse dichotomie.

Elle est campanienne et elle se trouve à Neu Braunfels (Texas), et entre El Paso et Frontera (Mexique).

Pl. IX, fig. 4-8. Types de M. Rœmer.

26. Ostrea luciter, H. Coquand. 1869.
Pl. 15, fig. 3.

1842. *Gryphœa orientalis*, Forbes, Foss. India, pl. 14, fig. 6. (non
orientalis Chemnitz).

Coquille exogyriforme, gibbeuse, ovale-trigone, lisse,
traversée dans sa valve inférieure par une carène latérale
obtuse. Crochet peu saillant, ne dépassant pas le plan de
la valve.

Cette espèce se rapproche de l'*O. decussata*. Elle s'en
distingue par sa forme beaucoup plus large, plus épatée
et surtout par le peu de développement que prend son
crochet.

Elle appartient à l'étage campanien de Verdachellum
(Indes orientales).

Pl. XV, fig. 3. Type de M. Forbes.

27. Ostrea subspatulata, Sowerby. 1845.
Pl. 32, fig. 1-3.

1845. *O. subspatulata*, Sow., Journ. soc. géol. Lond., t. 1, p. 61.
1857.　　　—　　　Conrad, Boundary, pl. 10, fig. 3.

Coquille ovale, irrégulière, spatuliforme ou trapézoïdale.
Valve inférieure convexe, arquée, se relevant fortement
en formant un angle obtus. Cette déviation s'opère à partir du milieu de la valve qui est très-épaisse vers la région
cardinale. Fossette du ligament triangulaire, assez large;
valve supérieure légèrement déprimée. Impression musculaire semilunaire, très-large et profonde, Les deux valves sont formées de lames dont la structure foliacée est
très-nettement accusée à l'extérieur.

Cette espèce est campanienne. Elle se trouve à Lewis's
Creet (Caroline du Nord); au Texas, à Alabama, à New-
Jersey et au Missouri.

Pl. XXXII, fig. 1, 2. Types de Sowerby (tiers de grandeur naturelle) ; fig. 3, type de Conrad.

28. Ostrea Devillei, H. COQUAND. 1869.
Pl. 28, fig. 16-21.

Coquille ostréiforme, subtriangulaire, profonde, adhérente par le sommet ou libre ; valve inférieure convexe, ornée de quatre ou cinq grandes côtes longitudinales, irrégulières, très-saillantes, raboteuses, espacées, qui partent du sommet et se rendent au pourtour, lequel se montre profondément découpé en zigzag. Ces côtes sont séparées par des sillons très-larges et elles deviennent lamelleuses et imbriquées dans les points d'intersection avec les lignes d'accroissement. Les côtés anal et buccal sont occupés par un système de petites côtes, plus serrées, très-froncées, qui se rattachent aux premières, en dessinant une série de plis gaufrés en forme de collerette : sommet aigu et proéminent, portant une expansion auriforme du côté anal. Fossette ligamentaire triangulaire, peu profonde. Valve supérieure operculiforme et concave, présentant les mêmes ornements que l'autre, avec cette différence que les côtes se dichotoment au dessous du sommet.

Cette espèce pourrait être confondue avec l'*O. semiplana* : mais elle s'en sépare franchement par sa forme triangulaire régulière, par la profondeur de sa valve inférieure et surtout par sa valve supérieure operculiforme et concave.

Elle est campanienne. M. de Mercey l'a recueillie à Meudon. Elle se trouve également à Ciply (Belgique).

Pl. XXVIII, fig. 16-21. Individus de Ciply. De notre collection.

29. Ostrea Scaniensis, H. COQUAND. 1869.
Pl. 17, fig. 14-16.

Coquille ostréiforme, linguliforme, arquée. Valve inférieure adhérente par le sommet, aiguë, convexe, marquée de nombreux plis d'accroissement, rugueux et portant quelques côtes longitudinales, larges, plates et à peine indiquées. Valve supérieure plate et même légèrement concave, lisse, portant, de distance en distance, quelques lames saillantes d'accroissement.

Cette espèce, qui est campanienne, a été découverte par M. Hébert, entre Oppmanna et Sundraby en Scanie.

Pl. XVII, fig. 14-16. Individu de la collection de la Sorbonne.

30. Ostrea Numida, H. Coquand. 1869.
Pl. 10. fig. 12-14.

Coquille ostréiforme, subtétragone, épaisse. Valve inférieure profonde, ornée de nombreuses côtes rayonnantes, tranchantes, simples au sommet, et se dichotomant vers leur extrémité, froncées dans le sens traversal et séparées par des sillons profonds. Vers la région anale, on observe, au dessous du crochet, une dépression sous forme de canal, qui établit une partie lobée où les côtes, plus petites, forment un système indépendant : crochet médian, aigu. Valve supérieure bombée, quoique moins élevée que l'autre, présentant à peu près le même système de côtes, et en saillie, la partie lobée et déprimée que l'on observe sur la valve opposée : sommet non proéminent. Pourtour de la coquille fortement dentelé.

Cette espèce offre une certaine ressemblance avec l'*O. Renoui*; mais elle s'en distingue par sa forme trapue, tétragonale, et surtout par son obésité et le bombement de la valve supérieure.

Elle a été découverte par M. Brossard dans les assises campaniennes de Krafsa (Subdivision de Sétif.)

Pl. X, fig. 12-14. Individu de notre collection.

31. Ostrea Brossardi, H. Coquand, 1869.
Pl. 10, fig. 15-19.

Coquille ostréiforme, subtétragone, subéquivalve, bombée, tranchante sur les bords, adhérente par le sommet. Valve inférieure convexe, marquée de lignes plus ou moins espacées d'accroissement, régulières, et en outre, de stries longitudinales très-fines, qui, aux points d'intersection avec les premières, donnent naissance à une structure treillissée ou pectiniforme. Ces stries disparaissent souvent chez les vieux individus, par suite de l'usure des valves. Crochet pointu, débordant la valve. Valve supérieure convexe, un peu moins bombée et moins grande que l'autre, présentant les mêmes ornements.

Cette espèce , qui rappelle la forme de certains individus jeunes de l'*O. acutirostris*, s'en distingue par ses stries longitudinales, sa forme plus large et par la régularité de ses plis concentriques.

Elle est campanienne, et elle a été découverte par MM. Brossard et Péron à M'karta et à Kasbah (Subd. de Sétif).

Pl. X, fig. 15-17. Individus avec stries; fig. 18, 19. Individu jeune. De notre collection.

32. Ostrea Pomeli, H. Coquand, 1869.
Pl. 11, fig. 5-10.

Coquille ostréiforme, variable de forme, ovale ou subtriangulaire. Valve inférieure convexe, ornée de cinq côtes épaisses, non tranchantes, très-espacées, simples, séparées par des sillons d'égale largeur, traversées par des plis concentriques d'accroissement qui se manifestent sous forme d'écailles ou de lamelles imbriquées. Valve supérieure convexe, aussi haute que l'autre, et présentant la même disposition de côtes.

Cette espèce a des analogies avec l'*O. Renoui*; mais elle s'en distingue par le nombre, l'espacement de ses côtes qui ne sont ni tranchantes ni dichotomes, ainsi que par l'égalité de ses deux valves. Elle ressemble aussi à quelques variétés de l'*O. Nicaisei* ; mais cette dernière a les deux valves bombées, tandis que l'*O. Pomeli* a la valve supérieure concave.

Elle a été découverte par M. Brossard, en Algérie, dans l'étage campanien de Djebel M'zéïta (Subdivision de Sétif).

Pl. XI, fig. 5-7. Individu de forme triangulaire; fig. 8-10. Individu de forme arrondie. De notre collection.

83. Ostrea Barrandei, H. Coquand, 1869.
Pl. 12, fig. 1-4.

Coquille ostréiforme, subtétragone, coupée carrément à sa base, plus longue que large, rétrécie au sommet ; fossette ligamentaire droite et triangulaire ; valves presque égales. Valve inférieure séparée en deux régions par une arète obtuse, qui part du sommet et se rend en ligne droite au bord palléal, où elle cesse, la coquille prenant une brusque inflexion. De cette arète se détachent, de chaque côté, des côtes nombreuses, anguleuses, tranchantes, larges, simples à leur origine, dichotomes sur la périphérie et se terminant par des dents aigües et fortes ; de plus, elles prennent une structure ondulée et même imbriquée, due aux lignes concentriques d'accroissement. Sommet aigu et droit. Impression musculaire large, peu profonde, semi-circulaire, Valve supérieure bombée, moins tourmentée que l'autre, possédant, au lieu d'une arète saillante, une gibbosité obtuse, de chaque côté de laquelle se développe le même système de côtes que nous venons de décrire.

Cette espèce rappelle un peu l'*O. Deshayesi* ; mais elle en diffère par sa forme carrée, par la troncature de sa région palléale, par l'arète médiane qui la sépare en deux régions et par son sommet aigu et droit.

Elle est campanienne. Elle provient de New-Jersey (États-Unis).

Pl. XII, fig. 1-4. Exemplaire de l'École des Mines.

84. Ostrea conirostris, Münster. 1834.
Pl. 13, fig. 11-17.

1834. *Ostrea conirostris*, Münst. in Goldf., Petref., pl. 82, fig. 4.

Coquille ostréiforme, mince, lisse, allongée, aiguë au sommet, arrondie à la base. Valve inférieure convexe, ornée de stries concentriques. Valve supérieure concave, faiblement rugueuse ; sommet aigu, droit. Impression musculaire semi-lunaire. Quelques individus de Saint-Front-de-Pardoux présentent une forme un peu plus renflée.

Cette espèce offre beaucoup de ressemblance avec l'*O. curvirostris* ; mais elle s'en distingue par une taille toujours moindre, par son crochet toujours droit et court, ainsi que par l'absence de plis froncés sur les bords supérieurs de la valve ventrale.

Elle est propre à l'étage campanien ; elle se trouve à Laversine (Oise), à Maestricht, à Saint-Front-de-Pardoux (Dordogne), où elle a été recueillie par M. Arnaud, à Livernant (Charente). M. Nicaise l'a retrouvée en Algérie, à Ahteuf-el-Mekam, au nord de Djelfa.

Pl. XIII, fig. 11, 12, 16, 17. Types de Goldfuss ; fig. 13, 14, 15. Individus de la Charente de la collection de M. Arnaud et de la mienne.

85. Ostrea Aucapitainei, H. Coquand, 1869.
Pl. 14, fig. 4-9.

Coquille ostréiforme, allongée. Valve inférieure convexe, adhérente par le sommet, ornée de côtes irrégulières, épaisses, partant du sommet, où elles se montrent simples, et se dichotomant à mesure qu'elles se rapprochent de la région palléale. Ces côtes sont séparées par des sillons profonds. Valve supérieure plate et même légèrement convexe, présentant le même système de côtes que la valve opposée. Crochets aigus, celui de la valve inférieure un peu débordant.

Cette espèce présente de la ressemblance avec l'*O. Janus*; mais elle s'en distingue par sa forme plus épatée et par la disposition de ses côtes qui commencent à se manifester à partir du sommet.

Elle a été découverte par M. Brossard, en Algérie, dans l'étage campanien d'El-Alleg (Subdivision de Sétif).

Pl. XIV, fig. 4-9. Individus de notre collection.

86. Ostrea subovata, Schumard, 1853.
Pl. 17, fig. 4.

1853. *O. subovata*, Schumard, Louisiana, p. 205, pl. 5, fig. 2.

Coquille subovale, trigone, allongée, épaisse. Valve infé-

rieure irrégulière, convexe, renflée, avec sommet obtus
proéminent, ornée de quatre ou cinq côtes longitudinales,
irrégulières, arrondies, noduleuses; surface portant des
lamelles concentriques imbriquées. Valve supérieure ovale,
plane.

Cette espèce ne nous est connue que par la figure qu'en
donne Schumard. Elle est campanienne et a été trouvée
au Texas, Arkansas et au Fort Washita (Louisiane).

Pl. XVII, fig. 4. Type de Schumard.

37. Ostrea congesta, CONRAD, 1843.
Pl. 17, fig. 5.

1843. *Ostrea congesta*, Conrad, Nicolett's Report, p. 169.
1856.   —   —   Hall, Railroad, pl. 1, fig. 11.

Coquille allongée; valve supérieure plate; valve inférieure irrégulière, ventrue. Sommet tronqué et portant une
marque d'adhérence.

Chez les jeunes individus qui ne sont pas déformés par la
pression, la forme est oblique ovale et le sommet aigu, triangulaire et retourné sur la gauche; la coquille est petite,
mais bien limitée et de plus adhérente par toute la hauteur
de la valve inférieure. Le rebord est abrupte et réfléchi, et devient vertical par rapport au plan d'adhérence et il continue
à s'accroître dans cette direction. La partie interne est crénelée vers le sommet. Chez les vieux individus, qui vivent
par groupes, la forme est comprimée, le sommet devient
tronqué et il finit par disparaître. La valve entière prend
alors une forme semi-cylindrique ou tubulaire.

Cette espèce est campanienne. Elle a été trouvée dans
le Missouri, Arkansas et le Nouveau Mexique.

Pl. XVII, fig. 5. Type de Hall.

38. Ostrea peculiaris, CONRAD. 1858.
Pl. 17, fig. 6-7.

1858. *Ostrea peculiaris*, Conrad, Journ. Phil., t. 3, pl. 34; fig. 7.

Coquille ostréiforme, ovale allongée, convexe, ornée de
quelques plis espacés sur les valves.

4

Cette espèce ne nous est connue que par les deux figures de Conrad, qui laissent beaucoup à désirer et que nous reproduisons.

Elle est campanienne et elle a été trouvée à Alabama.

Pl. XVII, fig. 6, 7. Type de Conrad.

39. Ostrea denticulifera, CONRAD. 1858.
Pl. 17, fig. 8-9.

1858. *Ostrea denticulifera*, Conrad, Tippah County, pl. 34, fig. 7-8.

Cette espèce, de petite taille, ne nous est connue que par les figures imparfaites qu'en donne Conrad et que nous nous contentons de reproduire.

Elle est signalée dans les assises campaniennes d'Alabama, du Missouri et du Tennessee.

Pl. XVII, fig. 8, 9. Types de Conrad.

40. Ostrea tecticosta, GABB. 1858.
Pl. 17, fig. 10-11.

1858. *Ostrea tecticosta*, Gabb, Journ. Acad., t, 4, p. 403, pl. 68, fig. 47-48.

Coquille ovale, irrégulière, arquée. Sommet aigu, surface du ligament triangulaire oblique. Impression musculaire assez large. Valve inférieure adhérente, généralement profonde, surtout dans la partie médiane, mais plate vers le bord inférieur, ornée de côtes saillantes, imbriquées, radiées à partir du milieu et non du sommet. Valve supérieure, moins profonde que l'autre, marquée de lignes d'accroissement concentriques. Les deux valves portent des denticulations sur les marges de leur partie supérieure.

Cette espèce, de date campanienne, provient de New-Jersey et du Tennessee.

Pl. XVII. fig. 10-11. Type de Gabb.

41. Ostrea crenulimarginata, GABB. 1858.

Pl. 17, fig. 12-13.

1858. *Ostrea crenulimarginata*, Gabb, Journ. Acad., t. IV, p. 398,
fig. 40 et 41.

Coquille ostréiforme, subtriangulaire, quelquefois ovale,
allongée, adhérente et écailleuse dans la partie libre. La
fossette du ligament est triangulaire, équilatérale et profonde. Le bord extérieur est fortement crénelé.

Cette espèce est campanienne et provient du Tennessee.

Pl. XVII, fig. 12, 13. Types de Gabb.

42. Ostrea pristiphora, H. COQUAND. 1869.

Pl. 17, fig. 17-18.

Coquille ostréiforme, courbée en croissant : valve inférieure convexe mais aplatie, lisse, marquée de stries
très-nombreuses d'accroissement, irrégulières, froncées,
et se transformant en plis rugueux. Sommet proéminent
portant, à la région anale, une expansion aliforme. Son
pourtour extérieur, à l'exception de la région terminale,
est armé de dents aiguës, disposées en dents de scie. Intérieur lisse ; impression musculaire large, transverse,
rapprochée du bord anal.

Cette espèce, par le système de ses dents extérieures
rappelle l'*O. Merceyi* ; mais elle s'en distingue par sa forme falciforme, par sa plus grande taille, par son expansion aliforme et par l'absence de dents sur la partie terminale de la valve.

Elle appartient à l'étage campanien de Meudon, où elle
a été découverte par M. Hébert.

Pl. XVII, fig. 17, 18. Exemplaire unique de la collection de la Sorbonne.

43. Ostrea cuculus, H. Coquand. 1869.
Pl. 17, fig. 19-21.

1827. *Ostrea pusilla*, Nilsson, Petref., pl. 7, fig. 11, (non
      O. pusilla Brocchi, 1814.
1837.   —   —   Hisinger, Lethæa, pl. 14, fig. 6.

Coquille ostréiforme, de petite taille, semi-elliptique ou oblongue, se courbant sur la droite, rugueuse, avec sommet aigu incliné, ordinairement deux fois plus longue que large. Valve inférieure adhérente par l'extrémité, marquée de rugosités concentriques et souvent de stries radiées. Bords latéraux plissés d'une manière plus ou moins distincte. Valve supérieure légèrement rugueuse.

Elle appartient à l'étage campanien et se trouve à Koepingemoella (Suède), ainsi qu'à Rügen, d'après Geinitz.

Pl. XVII, fig. 19-21. Types de Nilsson.

44. Ostrea cretacea, Morton. 1834.
Pl. 23, fig. 4 et 5.

1834. *Ostrea cretacea*, Morton, Synopsis, pl. 19, fig. 3.
1860.   —   —   Owen, Arkansas, pl. 8, fig. 8.

Coquille ostréiforme, ovale, convexe, marquée de quelques côtes longitudinales peu nettes. Valve supérieure légèrement convexe, portant des stries concentriques très-rapprochées qui deviennent faiblement écailleuses. Sommet proéminent.

Cette espèce ne nous est connue que par deux dessins que nous reproduisons. Elle est campanienne. Elle a été trouvée à Alabama, à Greene-County, prairie Bluff, Erié, Arkansas.

Pl. XXIII, fig. 4, type de Morton : fig. 5, type d'Owen.

45. Ostrea fragosa, H. Coquand. 1869.
Pl. 23, fig. 6-7.

1855. *Exogyra fragosa*, Conrad, Proc. Acad, t. 7, p. 269.
1857.   —   —   Conrad, Boundary, pl. 8, fig. 2.

Coquille exogyriforme, orbiculaire, connue seulement par sa valve inférieure qui est à sommet très-contourné, convexe, épaisse, profonde et ornée de côtes longitudinales, très-larges, que traversent des stries fines concentriques.

Cette espèce est campanienne et elle se trouve entre El Paso et Frontera (Texas).

Pl. XXIII, fig. 6 et 7. Types de Conrad.

46. Ostrea Franklini, Coquand. 1869.
Pl. 23, fig. 8-10.

1860. *Ostrea cretacea*, Owen, Arkansas, pl. 8, fig. 3 et 7
               (non Morton 1834).

Coquille ostréiforme, ovale, aiguë, allongée, légèrement oblique, inéquivalve. Valve inférieure convexe, arrondie à sa base, très-aiguë au sommet, ornée de stries concentriques très-rapprochées. Valve supérieure plus courte que l'autre, plate, aiguë au sommet, ornée de stries concentriques.

Cette espèce, quoique présentant quelques rapports avec l'*O. cretacea* s'en sépare par sa forme beaucoup plus aiguë, par ses stries non écailleuses et surtout par l'absence des côtes longitudinales.

Elle est campanienne et a pour patrie Arkansas (États-Unis).

Pl. XXIII, fig. 8, 9, 10. Type d'Owen.

47. Ostrea Wegmanniana, Orbigny. 1846.
Pl. 4, fig. 9-11 : pl. 23, fig. 11-14.

1846. *Ostrea Wegmanniana*, Orbigny, Terr. crét., pl. 488, fig. 6-8.

Coquille ostréiforme, allongée, transverse ou droite, fragile, mince, transparente comme une feuille de papier, ornée de quelques lignes d'accroissement concentriques, acuminée sur la région cardinale, élargie, arrondie ou tronquée sur la région palléale. Comme elle a pris, le plus souvent, naissance sur une Bélemnite, sa forme est oblongue et bombée, et ses bords sont quelquefois relevés en ailes de chapeau.

Cette espèce se distingue facilement à sa forme oblongue et à sa coquille mince.

D'après d'Orbigny, elle se trouve dans les assises les plus élevées de l'étage campanien, à Césanne et à Chavot, près d'Aï (Marne) et à Pouilly (Oise). M. de Mercey l'a recueillie au contraire à Tartigny, la Herelle et Pierrepont (Picardie), dans les couches à *Micraster coranguinum*.

Pl. IV, fig. 9-11. Types de d'Orbigny : Pl. 23, fig. 11-14. Types de la collection de M. Mercey.

48. Ostrea tetragona, BAYLE, 1847.
Pl. 24, fig. 4-6.

1847. *Ostrea tetragona*, Bayle, Rich. min., pl. 20, fig. 11 et 12.
1862. — — Coquand. Pal. Constantine, pl. 17, fig. 24 et 25.

Coquille ostréiforme, subéquivalve, de forme quadrangulaire, légèrement bombée, quoique mince dans son ensemble, tranchante sur les bords. Valve supérieure plane ou légèrement convexe ; valve inférieure bombée. Crochets à peine saillants. Surface du test lisse, montrant seulement des lamelles très-irrégulières d'accroissement.

Cette espèce a été découverte dans l'étage campanien de M'zab-el-Messaï, entre Batna et El-Kantr'a, à la base du Djebel R'Haribou près de la Montagne de Sel d'Outaïa, à quelques kilomètres du désert de Sahara (Prov. de Constantine), et sur la rive droite de l'Oued Djelfa, entre le rocher de Sel et Djelfa (Prov. d'Alger).

Pl. XXIV, fig. 4-6. Individus de notre collection.

49. Ostrea laciniata, ORBIGNY, 1846.

Pl. 25, fig. 1-6 : pl. 41, fig. 5.

1827. *Chama laciniata*, Nilsson, Petref., pl. 8, fig. 2, —Hisinger, Lethæa, pl. 19, fig. 2.
1834. *Exogyra* — Goldf., Pétréf. pl. 86, fig. 12.
1834. — *prolifera*, Fischer, Bull. Moscou, t. 8, pl. 5, fig. 1.
1841. *Exogyra laciniata*, Roemer, Kreïd., pl. 48.
1843. *Ostrea* — Orbigny, Ter. crét., pl. 486, fig. 1-3.

Coquille exogyriforme, oblique, un peu trigone. Valve inférieure très-variable, convexe, souvent anguleuse à cause d'une carène traversant sa région médiane, pourvue de rides ondulées, obliques, bien marquées sur la région buccale, remplacées de l'autre côté par des rides d'accroissement. Sur le dos et sur les côtes naissent des expansions saillantes lamelleuses, qui découpent fortement le bord et le dépassent même, en se transformant en épines plus ou moins longues. Sommet contourné en spirale sur lui-même, sans former de saillie. Valve supérieure operculiforme, plane ou même concave, lisse, marquée seulement de lignes d'accroissement concentriques.

Cette espèce se distingue de l'*O. Matheronana* par sa valve supérieure plane.

Elle est spéciale à l'étage campanien. Elle se trouve : à Aubeterre, Brossac, Chalais, Bardenac, Barbezieux, Pérignac, Archiac, Royan (Deux-Charentes) ; Neuvic (Dordogne). — Dans le lower-chalk de Dover, Kent. et dans l'upper-chalk de Brighton. — Aix-la-Chapelle, Maëstricht. — Coesfeld, Dülmen, Gehrden. — Balsberg, Kjugestrand, Moerby, Ifoe (Suède). — Verdachellum (Inde).

Pl. XXV, fig. 1, 2, 6. Types de Charente. De notre collection. Fig. 3, 4, 5. Types de d'Orbigny. Pl. XXXI, fig. 5. Types de Goldfuss.

50. Ostrea crenulimargo, ROEMER. 1852.

Pl. 25, fig. 7-8.

1852. *Ostrea crenulimargo*, Römer, Kreid. Texas, pl. 9, fig. 7.

Coquille ostréiforme, triangulaire, anguleuse, très-légè-

rement convexe, presque plate. Valve supérieure plane,
ornée à l'extérieur de stries concentriques légèrement crénelées. Intérieur lisse ; impression musculaire semi-circulaire, profonde. Pourtour légèrement et obliquement crénelé.

La découverte de cette élégante espèce est due aux recherches de M. F. Roemer qui l'a rapportée de l'étage campanien de Friedrichsburg, dans le Texas.

Pl. XXV, fig 7, 8. Types de M. Roemer.

51. Ostrea Janus, H. Coquand. 1862.
Pl. 25, fig. 9-11.

1862. *Ostrea Janus*, Coq., Pal. Const., pl. 35, fig. 6-8.

Coquille ostréiforme, étroite. Valve inférieure convexe,
lisse vers la région des crochets, où elle se montre très-
étroite, ornée sur la partie inférieure, de côtes épaisses,
irrégulières, tranchantes, ayant une tendance à la dichotomie vers le bord palléal, et séparées par des sillons très-
profonds. Valve supérieure presque plane et présentant la
même ornementation que la valve opposée ; crochets très-
légèrement recourbés et presque contigus. La coquille était
adhérente par le sommet de la valve inférieure.

Cette espèce, par le contraste des ornements de ses valves
se distingue des *Ostrea* déjà décrites. On pourrait la confondre seulement avec les jeunes individus de l'*O. Renoui* ;
mais ceux-ci sont constamment exogyriformes, et de plus,
les côtes recouvrent la totalité des valves.

M. Nicaise a découvert cette espèce dans l'étage campanien de Djebel Tegnouna (Environs de Boghar), Province
d'Alger.

Pl. XXV, fig. 9-11. Individus de notre collection.

52. Ostrea Sollieri, Coquand, 1869.
Pl. 26, fig. 1 et 2 ; pl. 27, fig. 7.

Coquille ostréiforme, de grande taille, rectangulaire,
épatée, sensiblement équivalve, à valves plates. Valves

ornées d'un très-grand nombre de côtes anguleuses qui naissent à partir des crochets et se dirigent, en se dichotomant, vers le pourtour de la coquille. Ces côtes sont larges, espacées, rugueuses, tranchantes et armées de quelques épines. Intérieur des valves lisse. Crochet creusé par une large fossette triangulaire. Impression musculaire subventrale, ovale, très-développée et saillante.

Cette espèce offre les plus grandes analogies avec l'*O. dichotoma*, à laquelle nous l'avions d'abord réunie. Toutefois sa forme est plus droite, ses valves sont plates et non bombées et ses côtes sont plus espacées. Nous avouons que nous n'aurions pas tenu probablement compte de ces légères différences, si elles ne correspondaient pas à une différence d'étages.

Elle a été découverte par M. Brossard, dans l'étage campanien de Metzès, du Djebel Skrin, du Bordj-bou-Areridj, de Mansourah, de Tarmount, d'Oued Leglebour, de Chedjeur (Province de Constantine).

Pl. XXVI, fig. 1 et 2, exemplaire de la collection de M. Marès. Pl. XXVII, fig. 7. Exempl. de notre collection.

53. Ostrea panda, Morton, 1834.
Pl. 30, fig. 8-9.

1834. *Ostrea panda*, Morton, Syn. Pl. 3, fig. 6; pl. 19, fig. 10.

Coquille ostréiforme, irrégulière, transverse. Valve inférieure convexe, séparée en deux régions par une gibbosité médiane, formée par une côte tranchante qui se détache du sommet et qui est accompagnée de 5 ou 6 autres côtes tranchantes et crénelées, distribuées sur la région anale. Sur la région buccale, on remarque à la partie supérieure une surface lisse, qui sur les bords, se charge de quelques plis ou côtes peu prononcés. Le caractère de gibbosité est inconstant et il s'efface chez quelques individus.

Cette espèce offre de la ressemblance avec l'*O. semiplana*, mais il est impossible de juger de ses différences ou de son identité d'après les figures de Morton.

Elle est campanienne, et est citée à New-Jersey, à Alabama et à Saint-Georges (Etats-Unis).

Pl. XXX, fig. 8-9. Types de Morton.

54. **Ostrea ungulata,** H. Coquand, 1869.
Pl. 31, fig. 4-15.

1768. ...... Knorr, Mertw. Nat., D. 7, fig. 3-6.
1799. ...... Faujas, Maëstricht, pl. 23, fig. 6.
1792. ...... Encycl. méthod. pl. 188, fig. 4, 5.
1813. *Ostracites ungulatus,* Schlottheim, Tasch., t. 7, p. 112 (non Nyst).
1813.   — *crista-melengris,* Schlottheim, Tasch., t. 7, p. 112.
1816. *Ostrea canaliculata,* Sowerby, Min. Conch., pl. 135, fig. 1, (non *canaliculata* 1813).
1819.   — *doridella,* Lamarck, An. S. vert., t. 6, p. 210.
1819.   — *larva,* Lamarck, An. S. vat., t. 6, p. 216.
1820. *Ostracites crista urogalli,* Schlottheim, Petref., p. 213.
1825. *Ostrea ungustivalvis,* König, Icon. (ex fide Bronn).
1827.   — *lunata,* Nilsson, Petref., pl. 6, fig. 3.
1830.   — *falcata,* Morton, Sillim. Journ. t. 18, pl. 3, fig. 19-20. (non Sowerby).
1833.   — *alæformis,* Woodvard, Norfolk. pl. 6, fig. 2.
1834.   — *larva,* Goldfuss, Petref., pl. 75, fig. 1.
1834.   — *lunata,* Goldfuss, Petref., pl. 75, fig. 2.
1834.   — *falcata,* Morton, Syn., pl. 3, fig. 5, : pl. 9, fig. 6 et 7 (non Sowerby).
1834.   — *mesenterica,* Morton, Synopsis, cret.
1834.   — *nasuta,* Morton, Synopsis, cret.
1834. *Alectryonia acrodouta,* Fischer, Bull. Moscou, t. 8, pl. 5, fig. 2.
1837. *Ostrea lunata,* Hisinger, Lethæa, pl. 14, fig. 4.
1845.   — *tegulacca,* Forbes, India, pl. 18, fig. 6 ;
1846.   — *Ponticeriana,* Orbigny, Astrolabe pl. 5, fig. 45, 46.
1845.   — *larva,* Orbigny, Ter. cret., pl. 486, fig. 4-8.
1847.   — — Knerr, Lemberg, pl. 5, fig. 4.
1849.   — *alæformis,* Brown, Illust., pl. 61*, fig. 1, 2.
1849.   — *larva,* Alth., Lemberg, pl. 13, fig. 1.
1849.   — — Brown, Illust., pl. 61*, fig. 20, 21.
1852.   — — Buch, Beirich., pl. 1, fig. 3.
1852.   — *urogalli,* Quenstedt, Handb., pl. 40, fig. 24.
1858.   — *larva,* Knerr, Neue Beitr, pl. 3, fig. 10.

Coquille ostréiforme, plus ou moins étroite, comprimée ou déprimée, arquée, quelquefois entièrement lisse dans le

jeune âge. Valves pourvues, de chaque côté, près de la charnière, de petites expansions aliformes. Partie supérieure
dorsale plane, ou même plus ou moins concave. Du côté
buccal, suivant l'âge, se présente une rangée de 8 à 16
saillies en forme de dents de scie, constituées par autant de
dents larges, souvent obtuses. Du côté opposé, ces dents
ne forment point saillie ; elles s'abaissent et sont bien moins
grandes. Quelquefois elles sont formées de gros plis relevés.
L'ensemble des valves offre, en dehors, une partie convexe,
et en dedans, une partie coupée perpendiculairement. Dans
le jeune âge, c'est-à-dire, à l'état d'*O. lunata*, les dents sont
remplacées par un ou trois plis dentiformes ; ce qui rend la
coquille très-plate.

Cette espèce ressemble de loin, par sa forme générale et
ses dents latérales, aux *O. rectangularis*, *carinata* et *angu-
lata* ; mais elle s'en distingue facilement par sa surface lisse
en dessus et par les dents tellement relevées du côté buccal,
qu'elles dépassent de beaucoup la hauteur de l'ensemble de
la coquille.

En créant les espèces *ungulata* et *urogalli*, Schlottheim a
renvoyé aux mêmes planches de Knorr que Lamarck, lorsque celui-ci a établi ses espèces *larva* et *doridella*, planches
qui représentent des individus de Maëstricht. Le nom
d'*ungulata* a donc incontestablement la priorité.

Cette espèce est spéciale à l'étage campanien. Elle se
trouve en France, à Aubeterre, Bardenac, Meschers, Royan,
(Deux Charentes) ; Gensac, Mouléon et Ausseing (Haute-
Garonne) ; au Cirque de Gavarnie avec *Ananchytes ovatus*.
— à Ciply, près de Mons (Belgique). — à Trimmingham,
Lewes, Norwich (Angleterre). — Maëstricht, Aix-la-Cha-
pelle, Rügen, Lemberg, Falkenberg, Waels. — Ahus,
Yngsjoe (Suède). — Soudak (Russie). — Uzquiano, Ullibari,
Salvatierra (Espagne). — Rhadamès (Tripoli), Djebel Douk-
kan, Tébessa (Algérie). — Monts Attaka (Suez). — Entre
Kuleïhissar et Tchaodak (Asie-Mineure). — Pondichéry
(Inde). — Delaware, Saint-Georges (Alabama) ; Prairie
Bluff, Sahawah (New-Jersey), Missouri (Etats-Unis).

Pl. XXXI, fig. 4, 5. Exemplaires de Maëstricht ; fig. 6, 7, de Ciply ; fig. 8, *O. lunata* de Nilsson ; — fig. 9, *O. mesenterica* de Morton ; — fig. 10, 11, 12, *O. falcata* ; — fig. 12-14, *O. ponticeriana* de d'Orbigny ; fig. 15, *O. teyulacea* de Forbes.

55. Ostrea malleiformis, Gabb. 1864.
Pl. 32, fig. 4.

1864. *O. malleiformis*, Gabb, California, pl. 31, fig. 272.

Coquille subtétragonale, subéquivale, légèrement acuminée au sommet. Valve inférieure lisse, ou seulement ornée de stries concentriques d'accroissement très-rapprochées et très-fines. Sommet subcentral, terminé par deux expansions aliformes, dont l'une plus courte que l'autre, qui lui donnent la forme de certains *Malleus* vivants. Impression musculaire subcentrale, petite.

Cette espèce est campanienne et elle se trouve dans les montagnes de Siskyou et à Jacksonville (Orégon et Californie).

Pl. XXXII, fig. 4. Type de Conrad.

56. Ostrea subfimbriata, Coquand, 1869.
Pl. 32, fig. 5-6.

1855. *Exogyra fimbriata*, Conrad, Proc. Acad., t. 7, p. 269 (non Grateloup).
1857. — — Conrad, Boundary, pl. 7, fig. 2, (par erreur *foliacea*).

Coquille exogyriforme, très-convexe, ornée de 10 à 12 côtes lamelleuses, irrégulières, concentriques, saillantes et imbriquées. La surface de la valve est couverte de petites lignes ou stries semi-granulaires, interrompues. Sommet contourné. Impression musculaire subcentrale, ovale.

Cette espèce campanienne provient du Texas.

Pl. XXXII, fig. 5 et 6, types de Conrad.

57. **Ostrea bella.** Conrad, 1857.
Pl. 32, fig. 7-8.

1857. *Ostrea bella*, Conrad, Boundary, pl. 10, fig. 4.

Coquille ovale, allongée, légèrement courbée. Valve inférieure convexe, ornée de côtes longitudinales, larges, radiées, interrompues de distance en distance. Sommet allongé, adhérent. Valve supérieure plate ou concave, ornée de stries rapprochées, radiées, interrompues et disposées en espèce de collerettes superposées.

Cette espèce campanienne a été découverte dans le Canada, le Mexique et le Texas.

Pl. XXXII, fig. 7, 8. Types de Conrad.

58. **Ostrea plumosa,** [Morton, 1834.
Pl. 32, fig. 9.

1834. *Ostrea plumosa*, Morton, Synopsis, pl. 8, fig. 9.

Coquille ostréiforme, ovale-triangulaire, semi-globuleuse. Valve inférieure convexe, profonde, arquée, ornée de stries fines et délicates, radiées, disposées en fascicules depuis la base jusqu'au sommet.

Cette espèce campanienne est signalée à New-Jersey, Alabama. Arneytown et au Missouri.

Pl. XXXII, fig. 9, type de Morton.

59. **Ostrea Brewerii,** Gabb, 1864.
Pl. 32, fig. 10.

1864. *Ostrea Brewerii*, Gabb, California, pl. 28, fig. 191.

Coquille large, épaisse, allongée, s'amincissant vers le sommet, lisse, vivant par groupes. Fossette ligamentaire triangulaire, allongée. Valve inférieure profonde, présentant une section vers le cinquième ou le quart de la coquille, du côté buccal, arrondie vers le côté anal. Pourtour intérieur lisse.

Cette espèce est campanienne. Elle provient de Cow
Creek, comté de Shasta (Californie).

Pl. XXXII, fig. 10. Type de Gabb, réduite aux 2/3.

60. Ostrea robusta, CONRAD. 1857.
Pl. 32, fig. 11-12.

1857. *Ostrea robusta*, Conrad, Boundary, pl. 11, fig. 3.

Coquille ostréiforme, falciforme, allongée; valve inférieure convexe; valve supérieure plane; ornées, l'une et
l'autre, de côtes concentriques, distantes et imbriquées.
Sommet tronqué.

Cette espèce est campanienne. Elle a été découverte à
Jacun, à 3 milles de Laredo (Texas).

Pl. XXXII, fig. 11, 12. Types de Conrad.

61. Ostrea Matheronana, ORBIGNY. 1846.
Pl. 32, fig. 16-20.

1799. ...... Faujas, Maëstricht, pl. 28, fig. 5.
1846. *Ostrea Matheroniana*, Orbigny. Ter. crét.,pl. 485(non 5 et 6).
1849. — *flabellata*, Bayle, Algérie, pl. 17, fig. 14-16.
1854. — *plicata*, Morris, Catal., p. 167.
1859. *Exogyra plicata*, Binkorst, Limbourg, p. 173.

Coquille exogyriforme, oblique, contournée en demi-
cercle. Valve supérieure très-concave au milieu, où elle est
séparée longitudinalement en deux parties presque égales
par un angle très-saillant, caréné et même souvent tranchant. Le côté externe de la carène est costulé en travers,
tandis que le côté opposé a des côtes onduleuses, rayonnantes. Valve inférieure plus épaisse et moins anguleuse,
fortement marquée de grosses côtes onduleuses, divergentes, souvent pourvues de nodosités imbriquées. Le sommet
contourné. Dans l'intérieur on voit, près du ligament, une
forte dent oblongue à la charnière. L'empreinte musculaire
est en creux et obronde; les bords des valves sont striés en
travers.

Cette espèce, assez voisine de forme par son crochet contourné et ses côtes, de l'*O. flabellata* et des variétés épineuses de l'*O. plicifera*, se distingue de la première, et à tous les âges, par sa forme plus étroite, par ses valves carénées, par sa dent cardinale, et de la seconde, par sa grande taille et surtout les côtes qui ornent à la fois ses deux valves.

Elle appartient à l'étage campanien. Elle se trouve en France, à Aubeterre, Chalais, Barbezieux, Blanzac, Royan, Archiac (Deux Charentes); Neuvic (Dordogne). Maëstricht, — Somolinos (Espagne). — El Outaïa, Youks (Algérie).

Pl. XXXII, fig. 16, 17, 18, 19. — Individus de la Charente. — fig. 20. Individu d'Algérie.

62. Ostrea multilirata, CONRAD. 1867.
Pl. 33, fig. 1-4.

1857. *O. multilirata*, Conrad, Boundary, pl. 12, fig. 1.

Coquille ostréiforme, épaisse, à sommet recourbé, très-irrégulière et très-variable dans sa forme. Valve inférieure adhérente par le sommet, ornée de nombreuses côtes irrégulières, interrompues par des lames écailleuses concentriques d'accroissement, qui lui donnent une structure foliacée et raboteuse. Fossette du ligament triangulaire très-longue. Impression musculaire subcirculaire et submédiane. La valve supérieure, plus plate, offre à peu près les mêmes ornements.

Cette espèce, de forme tertiaire, est citée comme campanienne et provient de Dry Creet (Mexico), ainsi que du Texas.

Pl. XXXIII, fig. 1-4. Types de Conrad.

63. Ostrea Washingtoni, H. COQUAND. 1869.
Pl. 33, fig. 5, 6, 7. 8, 9.

1864. *Exogyra parasitica*, Gabb, California, pl. 26, fig. 192; pl. 34, fig. 273 (non Gmelim, 1789.)

Coquille exogyriforme, adhérente par la valve inférieure dans le jeune âge, libre et irrégulière dans l'âge adulte.

Valve inférieure subtriangulaire, oblique, lisse dans l'intérieur, ridée sur toute sa surface. Sommet légèrement contourné sur la gauche, peu développé. Fossette triangulaire ; valve supérieure légèrement bombée, ornée de plis concentriques lamelleux. Les jeunes individus diffèrent des adultes par quelques plis irrégulièrement distribués sur les valves.

Cette espèce est campanienne et se trouve à Texas Flat, à Folsom, à Cottenwood Creek, comté de Shasta, (Californie).

Pl. XXXIII, fig. 5, 6, 7, 8 et 9. Types de Gabb.

64. Ostrea trinacria. COQUAND, 1869.
Pl. 35. fig. 23, 24.

1833. *Ostrea triangularis*, Woodward, Norfolk, pl. 6, fig. 6, 7,
                    (non Schlottheim, 1832.)
1841.   —   —   Moxon, Illust., pl. 11, fig. 4.
1849.   —   —   Brown, Illust., pl. 61, fig. 9, 10.

Coquille ostréiforme, triangulaire, inéquivalve, lisse, aplatie. Valve inférieure légèrement transverse, aigüe au sommet, arrondie sur la région palléale. Valve supérieure operculiforme, plus courte que l'autre.

Cette espèce, confondue par d'Orbigny avec l'O. *acutirostris*, s'en distingue cependant très-nettement par sa forme plate, sa valve supérieure operculiforme, tandis que les deux valves sont convexes et presque égales dans celle-ci.

Elle appartient à l'étage campanien et se trouve dans l'upper chalk de Harford Bridge.

Pl. XXXV, fig. 23, 24. Types de Woodward.

65. Ostrea cortex, CONRAD, 1857.
Pl. 34, fig. 11-14.

1850. *Ostrea cortex*, Conrad, Boundary, pl. 11, fig. 4.

Coquille ostréiforme, allongée, aigüe par le sommet, irrégulière. Valve inférieure ventrue, épaisse, plus élevée que

l'autre, couverte de gros plis lamelleux, concentriques, irréguliers. Fossette ligamentaire longue, triangulaire et profonde, oblique. Valve supérieure plus courte que l'autre,
offrant les mêmes plis lamelleux, mais moins rugueux. Impression musculaire ovale, transverse, latérale.

Cette espèce appartient à l'étage campanien et a pour
patrie Dry Creet, dans le Mexique.

Pl. XXXIV, fig. 11-14. Types de Conrad.

66. Ostrea amorpha, G. B. SOWERBY. 1842.
Pl. 35, fig. 25.

1842. *Ostrea amorpha*, Sowerby in Forbes, India, pl. 16, fig. 24.

Coquille ostréiforme, irrégulière, subéquivalve. Valve
supérieure munie de plis obtus. Elle ne nous est connue que
par une mauvaise figure.

Cette espèce est campanienne, et elle provient de Trin-
chinopoly (Inde).

Pl. XXXV, fig. 25. Types de M. Forbes.

67. Ostrea villicata, CONRAD. 1857.
Pl. 36. fig. 20, 21.

1857. *Ostrea villicata*, Conrad, Boundary, pl. 11, fig. 2.

Coquille ostréiforme, ovale, allongée, irrégulière, épaisse.
Valve inférieure convexe, ornée de plis lamelleux, écailleux,
imbriqués, concentriques et irréguliers. Sommet subrostré,
dominant une fossette triangulaire très-large. Impression
musculaire semi-lunaire, large, placée aux deux tiers inférieurs de la coquille.

Cette espèce n'est connue que par la valve que nous
venons de décrire. Elle est campanienne. On l'a découverte
à Rio Grande, entre el Paso et Frontena.

Pl. XXXVI, fig. 20, 21. Types de Conrad.

5

68. Ostrea lugubris, CONRAD. 1857.
Pl. 36, fig. 22 et 23.

1857. *Ostrea lugubris*, Conrad, Boundary, pl. 10, fig. 5.

Coquille ostréiforme, subovale; valve inférieure convexe, adhérente par le sommet, ornée de côtes radiées, saillantes, rugueuses, qui s'atténuent vers le sommet. Valve supérieure petite, lisse. Impression musculaire ovale.

Cette espèce, qui est campanienne, provient du Texas, Est de Red River (Canada) et du Nouveau-Mexique.

Pl. XXXVI, fig. 22 et 23. Types de Conrad.

69. Ostrea Rabelaisi, H. COQUAND. 1869.
Pl. 37, fig. 26-27.

Coquille ostréiforme, subtrapézoïdale, allongée, légèrement arquée. Valve inférieure plate, ou très-légèrement convexe, ornée de stries rayonnantes très-fines et très-régulières qui partent du sommet et vont en se dichotomant à l'infini à mesure que la coquille prend de l'accroissement. Intérieur de la valve lisse, laquelle est légèrement crénelée sur le bord anal. Impression musculaire large et subovale.

Cette élégante espèce ne nous est connue que par une valve que M. de Mercey a recueillie à Meudon; mais par ses ornements elle se distingue très-nettement des autres Huîtres connues.

Elle est propre à l'étage campanien.

Pl. XXXVII, fig. 26-27. Exemplaire de la collection de M. de Mercey.

70. Ostrea Puschii, H. COQUAND. 1869.
Pl. 18, fig. 9-11.

1837. *Amphidonte crassa*, Pusch, Polens Pal., pl. 5, fig. 3.
(non Defrance 1820.)

Coquille exogyriforme, arquée, allongée, épaisse, lisse; valve inférieure convexe, lamelleuse; sommet adhérent, recourbé sur lui-même, élevé. Valve supérieure concave, moins grande que l'autre, crénelée sur son pourtour intérieur.

Cette espèce qui présente beaucoup d'analogie avec l'*O. plicifera*, en diffère par sa forme moins arquée, plus épatée et par l'absence de toutes côtes ou plis épineux.

Elle provient de la craie supérieure de Szezerbakow près de Wiblica en Pologne.

Pl. XVIII, fig. 9-11. Types de Pusch.

71 Ostrea curvirostris, NILSSON. 1827.

Pl. 35, fig. 16-22.

1790.	Faujas, Maestricht, pl. 24, fig. 3.
1827. *Ostrea curvirostris*,	Nilsson, Petref., pl. 6, fig. 5.
1834. — —	Goldf., Petref., pl. 82, fig. 2.
1837. — —	Hisinger, Lethœa, pl. 13, fig. 7.
1846. — —	Orbigny, Terr. Crét., pl. 488, fig. 9-11.
1849. — —	Alth, Lemberg, pl. 12, fig. 38.

Coquille ostréiforme, très-allongée, transverse, déprimée, très-arquée, lisse, ou ornée de lignes concentriques d'accroissement, fortement acuminée sur la région cardinale, élargie et arrondie sur la région palléale, évidée sur la région anale. Le sommet, très-étroit, forme une pointe oblongue, arquée chez quelques individus, le sommet de la valve supérieure est entouré d'une expansion à bords frangés.

On pourrait confondre cette espèce avec les *O. Wegmanniana* et *conirostris*: elle se distingue de la première par sa forme bien plus épaisse, son crochet plus long, et de la deuxième, par sa taille beaucoup plus grande et par son crochet recourbé.

Elle est campanienne et elle se trouve à Aubeterre (Charente); à Maestricht; à Lemberg (Gallicie); à Jfœ, Ugnsmunnara et Kjugestrand (Suède); dans l'upper chalk de Brighton (Angleterre); à Simbirsk (Russie); Karassoubazar; Badrak et Inkerman (Crimée); à Bou-Sâada (Algérie); Wady-Nagh el Bader (Sinaï).

Pl. XXXV, fig. 16-18. Types de Nilsson: fig. 19-21, types de d'Orbigny: fig. 22; type de Goldfuss.

72. Ostrea Gabbana, MEEK et HAYDEN.

1864. *Ostrea Gabbana*, Meek, North Amer., p. 6.

Cette espèce ne nous est connue que par la citation de M. Meck.

Elle est campanienne et du Tennessee.

73. Ostrea Oweana, SHUMARD.

1864. *Ostrea Oweana*, Meek, North Amer., p. 6.

Elle provient des couches campaniennes du Texas.

74. Ostrea glabra, MEEK et HAYDEN. 1857.

1857. *Ostrea glabra*, Meek et Hayden, Proced. Acad., t. 9, p. 146.

Espèce campanienne de Nébraska.

75. Ostrea confragosa, CONRAD. 1858.

1858. *Ostrea confragosa*, Conrad, Tippah County, pl. 34, fig. 4.

Cette espèce de taille moyenne et de forme subtriangulaire ne nous est connue que par un dessin tellement informe que nous n'avons pas cru devoir le reproduire.

Elle est campanienne et se trouve au Mississipi.

76. Ostrea belliplicata, SCHUMARD. 1860.

1860. *Ostrea belliplicata*, Schumard, Trans. Acad. St-Louis, t. 1, p. 608.

Espèce campanienne du Texas.

77. Ostrea Tuomeyi, COQUAND. 1869.

1855. *O. crenulata*, Tuomey, Proc. Acad., p. 171, (non Lamarck, 1801).

Espèce campanienne d'Alabama.

78. Ostrea patina, MEEK et HAYDEN. 1856.

1856. *O. patina*, Meek et Hayden, Proc. Acad., p. 277.

Espèce campanienne de Nébraska et du Missouri.

79. Ostrea translucida, MEEK et HAYDEN. 1857.

1854. *O. translucida*, Meek et Hayden, Proc. Acad., t. 9, p. 147.

Espèce campanienne de Dak (Amérique du Nord).

80. Ostrea Lyoni, SHUMARD. 1864.

1864. *O. Lyoni*, Shumard, Meek, North Amér., p. 6.

Espèce campanienne du Texas.

81. Ostrea thirsæ, COQUAND. 1860.

1861. *Gryphæa thirsæ*, Gabb, Proc. Philad., t. 1, p. 329.

Espèce campanienne d'Alabama.

82. Ostrea planovata, SHUMARD. 1860.

1860. *Ostrea planovata*, Shumard, Tr. Acad. Saint-Louis,
t. 1, p. 608.

Espèce campanienne du Texas.

83. Ostrea pandæformis, GABB. 1864.

1864. *O. pandæformis*, Gabb, Meek, Nort Amér., p. 6.

Espèce campanienne du Missouri.

84. Ostrea quadriplicata, SHUMARD. 1860.

1864. *O. quadriplicata*, Shumard, Trans. Acad. Saint-Louis,
t. 1, p. 608.

Espèce campanienne du Texas.

85. Ostrea bellarugosa, SHUMARD. 1860.

1860. *O. bellarugosa*, Shumard, Texas, t. 1, n° 4.

Espèce campanienne du Texas.

86. Ostrea subtrigonalis, EVANS et SHUMARD. 1857.

1857. *O. subtrigonalis*, Evans et Shumard, Trans. Acad. Saint-
Louis, t. 1, p. 40.

Espèce campanienne de Nébraska et du Haut Missouri.

87. Ostrea carentoniensis, DEFRANCE. 1821.

1821. *O. carenton-ensis*, Defrance, Dict. sc. naturelles, t. 22, p. 25, (non Orb.).

Espèce campanienne de Mirambeau (Charente-Inf.).

88. Ostrea Achates, DEFRANCE. 1821.

1821. *O. Achates*, Defrance, Dict. sc. naturelles, t. 22, p. 26.

Espèce campanienne de Maëstricht.

89. Ostrea exilis, DEFRANCE. 1821.

1821. *O. exilis*, Defrance, Dict. sc. naturelles, t. 22, p. 26.

Espèce campanienne de Nehou (Manche).

90. Ostrea obscura, DEFRANCE. 1821.

1821. *O. obscura*, Defr., Dict. sc. nat. t., 22, p. 25.

Espèce campanienne de Valognes.

91. Ostrea variabilis, DEFRANCE. 1821.

1821. *O. variabilis*, Defr., Dict. sc. nat., t. 22, p. 2. Faujas, Maëstricht, p. 25, fig. 2. (indéterminable).

Espèce campanienne de Maëstricht.

92. Ostrea Castellana, DEFRANCE. 1821.

1821. *O. Castellana*, Defr., Dict. sc. nat., t. 22, p. 31.

Espèce campanienne de Mirambeau (Charente-Infér.).

93. Ostrea pellucida, DEFRANCE. 1821.

1821. *O. pellucida*, Defr., Dict. sc. nat., t. 22, p. 26.

Espèce campanienne de Maëstricht.

94. Ostrea squama, LAMARCK. 1819.

1819. *O. squama*, Lamk, An. Vert., t. 6, p. 220.

Espèce campanienne de Valognes,

95. Ostrea parva, Defrance. 1821.

1821. *O. parva*, Defr., Dict. sc. nat., t. 22, p. 25.

Espèce campanienne de Valognes,

96. Ostrea dubia, Defrance. 1821.

1821. *O. dubia*, Defr. Dict. sc. nat. t. 22, p. 25.

Espèce campanienne de Nehou.

97. Ostrea compressirostra, Ducatel.

Espèce campanienne de Maryland.

98. Ostracites mactroïdes, Schloth. 1813.

1813. *Ostracites mactroïdes*, Schl., Tasch., p. 112.

Espèce campanienne de la Champagne.

99. Ostracites aquilinus, Schloth. 1832.

1832. *Ostracites aquilinus*, Schloth, Verz., p. 60.

Espèce campanienne de Gerhden,

100. Exogyra minima, Deshayes. 1837.

1837. *Exogra minima* Deshayes, Foss. de Crimée, p. 2, (non Ménard in Lamarck, 1819.

Espèce campanienne de la Crimée.

101. Ostrea cyrtoma, Alth. 1840.
Pl. 8. fig. 16, 17.

1849. *Ostrea cyrtoma*, Alth, Lemberg, pl. 12, fig. 37.
1852. *Gryphœa* — Giebel, Deutschl., p. 338.
1858. *Ostrea* — Knorr, Neue Beitr., pl. 3, fig. 11.

Coquille ostréiforme, ovale, ornée de côtes rugueuses, concentriques. Valve inférieure gibbeuse, carénée, légèrement comprimée sur les côtés. Sommet plane et droit.

Cette petite et élégante espèce provient des couches santoniennes (Kreidemergel) de Pohorylee près de Lemberg (Gallicie).

Pl. VIII., fig. 16, 17. Types de M. Alth.

103. Ostrea curvidorsata, GEINITZ. 1843.
Pl. 8, fig. 13-15.

1843. *O. curvidorsata*, Geïnitz, Kielingsw.. pl. 3, fig. 19-21.

Coquille ostréiforme, allongée, lisse. Valves ovales, arrondies ou allongées. Sommet aigu ou obtus,

Cette petite espèce ne nous est connue que par les figures qu'en a données M. Geinitz et qu'aucune description n'accompagne. Elle provient de l'étage santonien de Kieslingswalda (Silésie).

Pl. VIII, fig. 13-15. Types de M. Geinitz.

104. Ostrea proboscidea, ARCHIAC. 1837.
Pl. 15, fig. 10; pl. 16, fig. 1-12; pl.18, fig. 1-5.

1831. *Gryphœa expansa*, Sowerby, Gosau, pl. 38, fig. 5 (non
    Sow., 1819).
1831.   — *elongata*, Sowerby, Gosau, pl. 38, fig. 6 (non
    Deshayes, 1826).
1837. *Ostrea proboscidea*, Archiac, Mém., t. 2, pl. 11, fig. 9.
1837.   — *vesicularis*, Dujardin, Mém. t. 2, p. 229.
1846.   —   — Orbigny, Ter. crét., pl. 487, fig. 7.
1848. *Exogyra expansa*, Bronn, Index, p. 485.
1863. *Gryphœa vesicularis*, Schaffliault, Lethæa, pl. 41, fig. 5, 6.
1866. *Ostrea*   — Zittel, Biv. Gosau, pl. 19, fig. 6,
    (non *d*, *c*.)

Coquille ostréiforme, lisse, semi-globuleuse, très-épaisse, à sommet obtus dans l'âge adulte, légèrement oblique. Valve supérieure concave, tronquée à son sommet, dépourvue de lignes rayonnantes. Valve inférieure très-convexe, globuleuse, arquée régulièrement, présentant vers la région anale une expansion dilatée, mais sans sillon prononcé. Sommet obtus et séparé de la charnière par un intervalle très-grand, en forme de plan incliné. Fossette ligamentaire logée dans un canal profond. mais court. Impression musculaire subcentrale, arrondie, très-large et très-profonde. Cette valve acquiert, en vieillissant, une épaisseur énorme.

Cette espèce, quand elle est jeune, ressemble beaucoup aux jeunes *O. vesicularis* adulte. Elle prend des proportions gigantesques, devient véritablement proboscidéenne ; son sommet s'épaissit, se transforme en une espèce de bonnet phrygien, et s'écarte alors tellement de la forme de l'*O. vesicularis*, que l'impression seule des exemplaires ou des figures suffit pour interdire tout rapprochement entre ces deux espèces. Lorsque son accroissement s'accomplit dans le sens du diamètre transversal, elle devient l'*expansa* de Sowerby, quand c'est dans le sens du diamètre longitudinal, elle devient l'*elongata* du même auteur.

Elle caractérise l'étage santonien dans lequel elle se montre très-abondante. Elle se trouve en France, à Lavalette, Cognac, Royan, Saintes, dans la Dordogne, à Tours, la Châtre, Saint-Paterne ; Martigues, Plan d'Aups, le Castellet, Piolenc (Vaucluse). — En Allemagne, à Gosau, à Strehlen , Teplitz (Bohême).— Simphéropol, en Crimée.— en Algérie, à Djebel Karkar, au Mansourah, près de Constantine, aux Toumiettes, près du Fedj-Kentours ; à Djebel Haloufa, Meskiana, R'fana, près Tébessa ; à Aïn-Saboun, revers oriental du Doukkan ; au Ksour entre Batna et El-Kantr'a, sous Boghar (Prov. d'Alger).

Pl. XV, fig. 10 ; pl. 16, fig. 1 et 2. Individu adulte de Lavalette, de l'Ecole des Mines : Pl. 16, fig. 3, 4, 5, de St-Paterne; fig. 6, 7, 8, 9, de Cognac et de Saintes; fig. 10, 11, 12, de Meskiana ; pl. 18, fig. 2, *O. elongata* de Gosau, fig. de M. Zittel; fig. 3, *O. expansa* de Gosau. De notre collection.

104. Ostrea Schafhaultii, H. Coquand 1869.

Pl. 9, fig. 13.

1863. *Exogyra virgula*, Schafhäult, Lethæa, pl. 65 ³, fig. 6 (non Defrance 1821).

Coquille exogyriforme , virguliforme. Valve inférieure arquée, acuminée, ornée de plis lamelleux concentriques. Cette curieuse espèce a été découverte par M. Schafhault dans les couches santoniennes de Kressemberg, associée à la *Vulsella Turonensis*. Sa physionomie virguliforme l'a fait confondre par cet auteur avec l'*O. virgula* de l'étage Kimméridgien.

Pl. IX, fig. 13, Type de M. Schafhault.

105. Ostrea semiplana, SOWERBY. 1825.

Pl. 28, fig. 1-15. Pl. 35, fig. 1-2. Pl. 38, fig. 10-12.

1803. *Ostracites sulcatus*, Blumenbach, Spec. Arch. Tell, pl. 1, fig. 3, (non Born, 1780).
1813. — *plicatus*, Schlottheim, Tasch. t. 7, p. 103. (non Chemnitz).
1822. ....Mantel, Sussex, pl. 25, fig. 4.
1825. *Ostrea semiplana*, Sowerby, Min. conch, pl. 389 fig. 1-2.
1827. — *flabelliformis*, Nilsson, Petref., pl. 6, fig. 4. (non Brocchi, 1814).
1827. — *plicata*, Nilsson, Petref. pl. 7, fig. 12.
1830. — *crista-galli*, Morton, Sill. Jour, pl. 3, fig. 22.
1831. — *latirostris*, Dubois, Podolie, pl. 8, fig. 15-16.
1833. — *inæquicostata*, Woodward, Norfolk, pl. 6, fig. 4.
1834. — *armata*, Goldfuss, Petref., pl. 77, fig. 3.
1834. — *flabelliformis*, Goldfuss, Petref., pl. 77, fig. 1.
1834. — *sulcata*, Goldfuss, Petref., pl. 76. fig. 2.
1835. — *Nilssoni*, Bronn, Encycl., t. 7, p. 193.
1835. — *flabelloïdes*, Rozet, Tr. géol., pl. 7, fig. 40.
1837. — — Hisinger, Lethæa, pl. 14, fig. 1.
1837. — *plicata*, Hisinger, Lethæa, pl. 14, fig. 2.
1837. — *inconstans*, Dujardin, Mém.. t. 2, p. 229.
1841. — *inæquicostata*, Moxon, Illust., pl. 11, fig. 2.
1843. — *semiplana*, Orbigny, Ter, Crét., pl. 488. fig. 4-5.
1343. — *macroptera*, Geinitz, Kiesl., pl. 3, fig. 22-24.
1845. — — Rouss, Bohm. Kreid., pl. 28, fig. 2-4.
1645. — *flabelliformis*, Rouss, Boh. Kreid., pl. 28, fig. 16, pl. 20, fig. 20.
1849. — — Brown, Illust., pl. 50, fig. 7.
1840. — *inæquicostata*, Brown., Illust., pl. 61*, fig. 13.
1850. — *carinata*, Dixon, Sussex., pl. 27, fig. 2.
1851. — *Bronnii*, Müller, Aach. Kreid., pl. 6, fig. 20, (non Klipstein 1845).
1862. — *semiplana*, Chenu, Man. Conch., p. 197, fig. 1004.

Coquille ostréiforme, très-variable dans sa forme, irrégulière, ronde ou triangulaire, oblique, rétrécie au talon, où elle est pourvue d'une fossette anguleuse droite; les deux valves presque égales, montrant de grands plis onduleux, obtus, qui divergent obliquement vers le bord. Jeune, elle débute par une surface lisse, dentelée sur les rebords. Les dentelures ne sont autre chose que les indices des côtes qui doivent se développer plus tard. Chez les vieux individus, les côtes sont armées d'épines aiguës.

Cette espèce diffère de l'*O. diluviana*, avec laquelle on peut la comparer, par son ensemble mince, sa petite taille, son talon étroit et ses côtes obtuses.

Elle est spéciale à l'étage santonien supérieur. Elle se trouve : En France, à Epernay, Parnes, la Herelle, Tartigny, Goincourt, Froissy, Ardivillers, Etapes (avec *Micraster coranguinum* ;) à Sebourg et Cyboing (Nord), avec *Spondylus spinosus*; à Laversines (Oise), Beauval (Somme), avec *Belemnitella quadrata* ; à Royan. — En Angleterre : Sussex, Charing, Kent, Lewes, Norwich, Wils, Gravesand. — En Belgique : Ciply. — En Suède : à Morby, Kjugestrand, lac Yngsjo. — En Podolie : à Makow. — En Allemagne, Bohême. — Dans la Planer d'Ilseburg, Holberstadt, Goslar, Gehrden, Haltern, Dülmen, Coesfeld, Bilin, Strehlen, Rügen, Kiesslingswalda, Aix-la-Chapelle. — En Algérie : à Tébessa et dans la subdivision de Sétif, à Bordj, Medjès et Mansourah.

Pl. XXVIII, fig. 1, 2, 3, *O. flabelliformis*, de Nilsson ; fig. 4, *O. plicata*, de Nilsson ; fig. 5, 6, 7, 8. Types de Goldfuss; fig. 9. *O. Bronnii* de Müller ; fig. 10, 11. *O. carinata* de Dixon ; fig. 12, 13, *O. semiplana* de d'Orbigny ; fig. 14. Individu de la Picardie (Coll. de M. de Mercey); fig. 15, *O. sulcata* de Reuss. Pl. XXXV, fig. 1, *O. armata* de Goldfuss; fig. 2, individus de Royan, de notre collection. Pl. XXXVIII, fig. 10, exemplaire d'Algérie, collection de M. Péron et la nôtre; fig. 11 et 12, individus de forme triangulaire, de la collection de M. Péron et de la nôtre.

106. Ostrea acutirostris, Nisson. 1827.

Pl. XXXV, fig. 8-15 : pl. XXXVI, fig. 1-5.

1827. *Ostrea acutirostris*, Nilsson, Petr. Succ. pl. 6, fig. 6.
1833. — *globosa*, Woodward, Norfolk, pl. 6, fig. 8 (non Sow).
1834. — *acutirostris*, Goldfuss, Petref., pl. 82, fig. 3.
1837. — — Hisinger, Lethæa, pl. 13, fig. 6.
1843. — *gallo-provincialis*, Matheron, Catal. pl. 32, fig. 8.
1846. — *acutirostris*, Orbigny, ter. crét., t. 3, pl. 481, fig. 1-3.
1866. — *vesicularis*, Zittel, Biv. Gosau, pl. 17, fig. 9, c, d.
1866. — *indifferens*, Zittel, l. c. pl. 18, fig. 9. a, b.

Coquille ostréiforme, ovale, assez variable, déprimée dans

son ensemble, subéquivalve, marquée de lignes concentriques d'accroissement se transformant en de gros plis chez les vieux individus. Valve supérieure plane, ou légèrement convexe. Valve inférieure adhérente par le sommet, montrant, chez les individus adultes, un pli latéral qui gauchit un peu la coquille. Fossette du ligament profonde. Sommets aigus, droits ou légèrement obliques.

Cette description se rapporte plus spécialement aux individus de provenance provençale et d'Algérie qui sont de grande taille , Nilsson, qui a établi l'espèce et plus tard Goldfuss, ont indiqué des plis rugueux longitudinaux sur la valve inférieure. Les exemplaires recueillis par M. Arnaud dans la Dordogne sont légèrement excavés dans le centre.

Cette espèce caractérise l'étage santonien et se trouve en France : à Martigues, au Beausset et au plan d'Aups (Provence); au château de Barry et à Sorlat (Dordogne); en Angleterre à Brighton : en Allemagne à Maëstricht , à Nowaria près de Lemberg ; en Suède, à Ifo et Ungsmunnara. — En Algérie à Meskiana, au Djebel-Karkar (Constantine); à M'Karta (Sétif); sur la rive gauche de l'Oued-Merdja, près d'Aumale (Prov. d'Alger).

Pl. XXXV, fig. 8 et 9, types de Nilsson, fig . 10, type de Goldfuss ; fig. 11, 12, 13, 14, 15, individus de la Provence, de notre collection. Pl. XXXVI, fig. 1-5, individus d'Afrique de la collection de M. Péron et de la notre.

107. Ostrea pectinata, (1). LAMARCK, 1819.

Pl. 29, fig. 1-7. (Sous le nom de Colubrina).

1768. ....Knorr, D, pl. 58, fig. 5 et 6 (non 7).
1799. ....Faujas, pl. 24, fig. 1 et 2 ; pl. 28, fig. 7.

(1) Lamarck s'exprime ainsi en parlant de l'O pectinata : « Des environs de Dreux. Cette Huitre se rapproche de l'O. diluviana de Linné. Elle en diffère en ce qu'elle est fortement arquée en croissant ou en faucille, au lieu que celle de Linné est droite ou à très-peu près. Je crois posséder l'espèce même de Linné, et j'ai prêté mon exemplaire à Bruguière, qui l'a fait graver dans les planches de l'Encyclopédie, pl. 188, fig. 1 et 2. » Or l'espèce de Bruguière, qui porte le nom de phylladinna, est la véritable O. diluviana de Linné. D'ailleurs la description de Lamarck, la figure qu'il en donne et la provenance ne peuvent laisser subsister aucun doute à cet égard.

1810. *Ostrea pectinata*, Lamk., Ann. du Muséum, t. 8, pl. 165 et
 t. 14, pl. 23, fig. 1.
1811.   — *frons*, Park., Org. Rem., pl. 15, fig. 4 (non Linné).
1812.   — *folium*, Park., Org. Rem.. p. 217. (non Linné).
1819.   — *colubrina*, Lamk, An. S. Vert., t. 6, p. 216. (non
 Goldfuss).
1820. *Ostracites crista-hastellatus*. Schl., Petref., p. 243 (pars).
1820.   — *crista complicatus*, Schl., Petref., p. 242 (pars).
1822.   — *foliaceus*, Krüger, Urw., 2. p. 511.
1822. *Ostrea carinata*, Brongn. Env. de Paris, Pl. K. fig. 11,
 (non Lamarck).
1827.   — *diluviana*, Nilss., Petref.. pl. 6, fig. 1-2, (non Linné).
1833.   — *alæformis*, Wodw., Petref., pl. 6, fig. 1 et 3. (non 2).
1834. *Alectryonia Ferussaci*, Fischer, Bull. Moscou, t. 8, pl. 4
 fig. 3.
1834.   — *Defrancii*, Fischer, Bull. Moscou, t. 8, pl. 4,
 (non Deshayes).
1834. *Ostrea prionota*, Goldf., Petref., pl. 74, fig..8.
1834.   — *harpa*, Goldf., Petref., pl. 75, fig. 3.
1835.   — *diluviana*, Rozet, Traité de Géol., pl. 7, fig. 39.
1837.   — *pennaria*, Archiac, Mém., t. 2, p. 184.
1837.   — *gracilis*, Dujard., Mém., t. 2. p. 330.
1837.   — *diluviana*, Hising.. Lethœa. pl. 14, fig. 5.
1842.   — *Defrancii*, Huot, Russie mérid., pl. 11, fig. 1-2.
1843.   — *frons*, Orb., Pal. Fr., pl. 483.
1843.   — *diluviana*, Reuss, Bœhem. Kreid., pl. 30, fig. 15.
1847.   — *carinata*, Bayle, Géol. des Ponts, pl. 6, fig. 63.
1850.   —   — Dixon, Sussex, pl. 27, fig. 2, (la supérieure).
1851.   — *diluviana*, Woodward, Manuel, pl. 16, fig. 1.
1852.   — *carinata*, Römer, Texas, pl. 9, fig. 5.
1857.   —   — Conrad, Boundary, pl. 10. fig. 6.

Coquille ostréiforme, étroite, plus ou moins arquée,
allongée, La partie supérieure dorsale ne forme point de
canal régulier, mais plutôt une espèce de carène médiane.
De cette région se détachent, de chaque côté, d'une manière assez régulière, des côtes tranchantes, simples à leur
origine, mais se dichotomant presque de suite. Ces côtes
sont plus ou moins espacées suivant les individus, et, chez
quelques-uns d'entre eux, elles dépassent le nombre de
quarante. Elles sont très-obliques. Leur ensemble, divisé
en dents très-aiguës sur le bord des valves, dessine des
deux côtés, une espèce d'abrupte sous forme d'un angle

saillant très-émoussé, de sorte que la section perpendiculaire au grand axe est représentée par un quadrilatère. Sommets légèrements contournés.

Cette espèce se rapproche à la fois aux *O. carinata*, *Ricordeana* et *serrata*. Elle se distingue des deux premières par ses valves moins comprimées, par la région dorsale dépourvue de pointes et non creusée en une surface large, par ses côtes non épineuses, plus obliques. Elle diffère de l'*O. serrata*, avec laquelle elle a presque toujours été confondue, par la présence d'une carène médiane, par la section quadrangulaire de ses valves, par ses plis simples, tranchants et surtout par l'absence d'anastomose des plis que l'on remarque dans l'*O. serrata*.

Parkinson a comparé cette espèce aux *O. Frons* et *Folium* de Linné, espèces vivantes. Lamarck l'a décrite en 1810 sous le nom de *pectinata*, et en 1819, sous celui de *colubrina*. Il cite comme provenance la Champagne et renvoie à des planches de Knorr, qui ne peuvent laisser subsister aucun doute. L'*O. pennaria* du même auteur se rapporte à une figure de Knorr qui représente l'*O. gregaria*, et en effet il cite comme patrie Domfront où se trouve cette dernière : mais il la fait également provenir de la Champagne (patrie de la *colubrina*), de la Sarthe (*O. carinata*), de Grignon (Eocène) et de Monte Mario près de Rôme (pliocène) Brongniart a fait figurer sous le nom de *carinata* une véritable *pectinata* qui n'est nullement la *carinata* du Hâvre figurée dans l'Encyclopédie et à laquelle Lamarck renvoie. Enfin Goldfuss, par une méprise inconcevable, a nommé *colubrina* une espèce corallienne. Toutes ces difficultés de nomenclature disparaîtront en remontant au premier nom *pectinata*.

L'*O. pectinata* est santonienne. Elle se trouve dans les Deux-Charentes avec le *Micraster cor-inguinum*, à Malberchie, Pérignac, Barbézieux, Archiac, Royan, Cognac, Jonsac ; à Ribérac : à Tours : à Martigues : à Couïza (Aude) : à Dreux, en Picardie etc. — En Angleterre : à Douvres. — En Allemagne : à Maestricht, Aix-la-Cha-

pelle, Rügen. — En Bohême : Vollenitz, Tréziblitz, Prie-
sen. — En Suède , Kjugestrand, Morby, Balsberg. En
Russie et en Crimée, à Aktuscha, Simphéropol, au Cou-
vent de l'Assomption près de Tchoufout-Kaley. — Au
Texas : à Turkéy Creet , las Minas , Neu-Braunfels. En
Algérie, Souf-Sahara.

Pl. XXIX, fig. 1 et 2. Exemplaire de Lavalette ; collection de l'Ecole des Mines : fig. 3, 4, individus de la Charente, de ma collection : fig. 5. *O. harpa* de Goldfuss : fig.
6, types du Texas (Roemer); fig. 7, section.

109. Ostrea serrata, DEFRANCE. 1821

Pl. 17, fig. 3. Pl. 30, fig. 1-5.

1821. *Ostrea serrata,* Defrance, Dict., t. 22, fig. 34.
1822.   —   —   Bronguiart, Paris, pl. 3, fig. 10.
1829.   —   —   Uro, Syst., pl. 5.
1834   —   —   Goldfuss, Petref., pl. 74, fig. 9.
1839.   — *macroptera,* Geinitz, Char., p. 85 (pars).

Coquille ostréiforme, équivalve, étroite, allongée, plus ou
moins arquée. La partie supérieure des valves est bombée
sans former de carène. De cette partie se détachent, de
chaque côté, d'une manière régulière, des côtes légèrement aiguës, généralement simples, mais s'anastomosant
sur le dos et imitant un dessin en chenilles de tapisserie.
Leur ensemble ne forme point des deux côtés l'angle saillant
que l'on remarque dans l'*O. pectinata*, de sorte que la
section des valves, au lieu d'un quadrilatère, représente un
ovale régulier. Les côtes sont obliques , fortement froncées et même imbriquées aux points de rencontre avec
les plis concentriques d'accroissement. Intérieur des valves
lisse. Ligament logé dans une fossette triangulaire. Muscle d'attache ovale, placé sur le bord externe de la coquille,
vers la région anale. Sommets légèrement contournés.

Cette espèce, quoique voisine de l'*O. pectinata*, s'en distingue très-nettement par l'anastomose de ses côtes, leur
structure moins tranchante, sa forme arrondie, donc par

l'absence de l'angle saillant qui donne à celle-ci une forme abrupte que la première ne possède jamais.

Elle est santonienne; mais elle occupe un niveau un peu plus élevé que l'*O. pectinata*; elle se trouve avec le *Micraster coranguinum* et au dessous de l'*O. vesicularis*. On la rencontre à Chartres, à Dreux, à la Herelle, à Tartigny, (Oise); à Saint-Laurent et à Salles (Charente); dans la planerkalk de Strehlen et à New-Jersey, en Amérique.

Pl. XVII, fig. 3. Individu de New-Jersey (1), de notre collection. Pl. XXX, fig. 1 et 2. Individus de la Charente, de notre collection; fig. 3 et 4. Individus de Dreux; fig. 5. Section.

109. Ostrea plicifera, Coquand. 1869.
Pl. 35, fig. 6-18.

1822. *Gryphœa ouricularis,* Brongniart, Paris, pl. 6, fig. 9, (non Wahlenberg 1821).
1834. *Exogyra plicata*, Goldfuss, Petr., pl. 87, fig. 5, a (non b, c, d, e).
1837. — *auricularis*, Archiac, Mém. t. 11, p. 185.
1837. *Amphidonte auricularis*, Pusch, Pol. Pal., pl. 5. fig. 4.
1837. *Gryphœa haliotidea*, Dujardin, Mém. t. 11, p. 229 (non Sow).
1837. — *plicifera*, Dujardin, Mém., t. 11, p. 229.
1842. *Exogyra spinosa*, Matheron, Catal., pl. 32, fig. 6, 7 (non Rœmer).
1842. — *Midas*, Matheron, Cat., pl. 32, fig. 4, 5.
1846. *Ostrea Matheroniana*, Orbigny, Ter. Crét., pl. 485, fig. 5 et 6.
1859. — *auricularis*, Coquand, Bulletin, t. 16, p. 976, — Synopsis, p. 73. Charente, t. 11, p. 129.
1859. — *spinosa*, Coquand, Bulletin, t. 16, p. 984,— Synopsis, p. 88. Charente, t. 11, p. 144.
1859. — *pseudo-Matheroni*, Arnaud, Synopsis, p. 74. — Charente. 11, p. 130.
1866. — *Matheroniana*, Zittel, Biv. Gosau, pl. 19, fig. 3 et 4.

Coquille exogyriforme, auriculaire, inéquivalve, très-variable dans sa forme.

(1) Cet individu figuré de New-Jersey pourrait bien être une *O. Barrandei* jeune.

Variété *auriculaire*. — Coquille lisse ou ornée de quelques côtes latérales, gibbeuse. Valve inférieure convexe,
traversée dans sa partie médiane par une arête obtuse, ar-
mée quelquefois de quelques épines, et portant des indices
de côtes latérales. Crochet fortement recourbé sur la gauche. Valve supérieure operculiforme, marquée de stries
concentriques d'accroissement.

Variété *épineuse*. — Coquille allongée, plate ou traversée sur sa valve inférieure par une carène obtuse, portant vers la région buccale des plis inégaux et rugueux,
surmontés par des épines obtuses ou aiguës, espacées. Valve supérieure concave, dépourvue de côtes.

Ces deux variétés, qui examinées dans leurs différences
extrêmes, semblent constituer des espèces distinctes, sont
reliés l'une à l'autre par des passages tellement ménagés,
qu'il devient réellement impossible de fixer des limites entre
elles. La variété épineuse offre beaucoup de ressemblance
avec l'*O. Matheroni* de l'étage campanien ; mais il est
facile de la distinguer par la différence de taille qui est
constamment petite dans l'*O. plicifera*, par l'absence ou la
rareté des plis de la valve inférieure, par ses épines, surtout
par l'absence de côtes ou de plis radiés sur la valve supérieure. De plus, les jeunes individus de l'*O. Matheroni* sont
toujours costulés, jamais lisses et ne se montrent point sous
la forme auriculaire.

Cette espèce est très-abondante dans les assises conia-
ciennes et santoniennes, à Cognac, Richemont, Javresac,
Charmant, Ronsenac, Saintes (Deux-Charentes); Gourd de
l'Arche près de Périgueux; Saint-Paterne, Tours; Marti-
gues, Plan d'Aups, Castellet, Saint-Is (Provence); Piolenc
(Vaucluse); — Gravesand et Kent (Angleterre); Entre
Bonar et Sabero (Espagne); à Baghtcheh-Saraï, Tchou-
font, Kaleh et Simphéropol (Crimée); — R'fana près
Tébessa, Bordj-bou-Areridj, sous Bogar, rive gauche du
Chélif (Algérie).

Pl. XXXVI, fig. 6, 7, 8, *Gryphœa auricularis* de Brongniart, types de la Charente. — Fig. 9, 10, 11, variété

6

plissée, de Cognac et de Saint-Palerne. — Fig. 12, 13, variété allongée de Villedieu. — Fig. 14, 15, 16, variété épineuse de Martigues. — Fig. 17, 18, *Exogyra Midas* de Matheron.

110. Ostrea Heberti, H. Coquand. 1869.
Pl. 30 fig. 6-7.

Coquille exogyriforme, triangulaire, aiguë, gibbeuse et arquée. Valve inférieure épaisse, à surface très-rugueuse et bosselée, ornée de grosses côtes irrégulières, noduleuses et mal définies, qui se détachent du sommet et se croisent de distance en distance, avec des lames d'accroissement larges et concentriques. Excavée profondément sur le côté anal, elle offre, à partir du crochet, une arête gibbeuse large et obtuse, et du côté opposé, elle se termine par une expansion large, mince, également ornée de côtes et de lamelles, laquelle expansion est séparée de la région médiane par un sillon large et profond. Sommet oblique peu développé, replié sur la gauche et adhérent. Fossette ligamentaire triangulaire. La valve supérieure est inconnue, mais elle devait être concave et dépourvue de côtes, à en juger par l'empreinte qu'elle a laissée sur la gangue qui remplit l'intérieur de la valve inférieure.

Cette singulière espèce, qui ne ressemble à aucune autre Huître de la craie, a été découverte par M. A. Arnaud dans les couches moyennes de l'étage santonien à Charmant (Charente).

Pl. XXX, fig. 6-7. Exemplaire de grandeur naturelle. Collection de M. Arnaud.

111. Ostrea Langloisi, H. Coquand, 1869.
Pl. 11 fig. 11-16.

Coquille exogyriforme, triangulaire, arquée, gibbeuse, inéquivalve; valve inférieure très-épaisse, profonde, portant dans sa région médiane une carène tranchante, ornée de rides concentriques qui dégénèrent en plis saillants, surtout vers la région buccale, adhérente par le sommet qui est fortement contourné. Valve supérieure plane, arrondie sur le labre, marquée de quelques rides concentriques d'accroissement.

Cette espèce rappelle les *O. decussata* et *aquila*. Elle se distingue de la première par sa carène tranchante à laquelle est due une gibbosité qui constitue un caractère spécial, grâce auquel il est facile de la reconnaitre à première vue. Elle se distingue de la seconde par le même caractère, par sa taille constamment petite, par sa forme plus maigre et plus étranglée.

Elle a été découverte par M. Brossard dans l'étage santonien du Bordj-Bou-Aréridj (subdivision de Sétif).

Pl. XI, fig. 11-13. Individu adulte.— Fig. 14-16, individu plus jeune, de notre collection.

112. Ostrea aurita, Reuss. 1844.
Pl. 21, fig. 13-14.

1844. *Ostrea aurita* Reuss, Skizz, 11 p. 179.
1846. — — Reuss, Böhm. Kreid., pl. 27, fig. 36, 37.

Coquille ostréiforme, de petite taille, subtrapèzoïdale. Valve inférieure simple ou portant une expansion aliforme se terminant par deux lobes égaux, ayant l'apparence d'une oreille, ornée de stries concentriques et régulières.

Cette espèce, qui ne nous est connue que par les dessins de M. Reuss, provient de l'étage santonien (Planermergel) de Luschitz (Bohême).

Pl. XXI, fig. 13, 14. Types de M. Reuss.

113. Ostrea Naumanni, Reuss. 1846.
Pl. 20, fig. 11-13.

1846. *Ostrea Naumanni*, Reuss, Böhm. Kreid., pl. 27, fig..48-53 et pl. 28, fig. 1.
1861. — *semiplana*, Gabb, Synop., p. 152.

Coquille ostréiforme, subtriangulaire, très-variable dans sa forme. Valve inférieure convexe, triangulaire ou subrhomboïdale, lobée latéralement au dessous du crochet, ornée de stries concentriques, rapprochées, qui quelquefois se transforment en lames écailleuses. Elle présente quelques rapports avec des jeunes individus de l'*O. hippopodium*.

Cette espèce est santonienne et elle se trouve dans le planerkalk de Kosstitz (Bohême).

Pl. XX, fig. 11-13. Types de Reuss.

114. Ostrea Coniacensis, H. Coquand. 1859.
Pl. 26, fig. 6-10.

1859. *Ostrea Coniacensis*, Coquand. Bullet., t. 16, p. 97. Synopsis, p. 74. — Charente, t. 11, p. 150.

Coquille exogyriforme, inéquivalve, presque aussi large que longue, épaisse. Valve inférieure très-convexe, gibbeuse, élevée, séparée en deux régions inégales par une carène saillante. Le côté externe de la carène est labouré par 5 ou 6 côtés inégales, irrégulières, larges, imbriquées, dont deux plus saillantes que les autres. Le côté opposé présente des plis très-rapprochés au nombre de six et contigus à une surface lisse qui se prolonge jusqu'au pourtour. Ce système de côtes est contrarié par des lignes d'accroissement concentriques, et de leur entrecroisement il résulte une structure rugueuse. Crochet contourné sur lui-même et déformé par la cicatrice de l'adhérence. Dans le jeune âge les valves sont lisses, ou bien marquées de côtes légèrement indiquées ; mais elles conservent toujours la forme épatée qui sert à faire reconnaître l'espèce. Valve supérieure operculiforme.

L'*O. Coniacensis* se distingue de l'*O. plicifera* par sa forme plus épatée, le système de ses côtes, son épaisseur, sa grande taille et son sommet moins spiral.

Elle caractérise la base de la craie supérieure qui correspond à notre étage coniacien.

Nous l'avons recueillie à Cognac, Ronsenac et Javresac (Charente) et au Castellet (Var). M. Arnaud l'a retrouvée au Gourd de l'Arche (Dordogne.)

Pl. XXVI, fig. 6, 7. 8, individus adultes; fig. 9, individu plus jeune; fig. 10, jeune dont la valve inférieure est
ornée de petits plis rayonnants. — De notre collection.

115. Ostrea squamula, GEINITZ. 1849.

Pl. 32, fig. 13-15.

1846. *Exogyra squamula,* Reus, Böhm. Kreid., pl. 27, fig. 6, 7.
1849. *Ostrea squamula,* Geinitz, Quaders., p. 204.

Coquille exogyriforme, de petite taille : valve inférieure
profonde, gibbeuse, divisée en deux parties par une crête aiguë, médiane, dentelée, de chaque côté de laquelle se détachent de petites stries régulières, serrées, fines, alternant
avec quelques rares côtes. Valve supérieure operculiforme,
lisse, crénelée sur les bords, dans le voisinage du crochet.
Impression musculaire ovale, très-large, profonde, placée
sous le crochet.

Cette espèce est santonnienne. Elle provient de Weisskirchlitz près de Teplitz et de Schillingen, près de Bilin,
en Bohême.

Pl. XXXII, fig. 13-15. Types de Reuss.

116. Ostrea Boucheroni, H. COQUAND. 1859.

Pl. 31, fig. 1-3; pl. 37, fig, 1-16 et pl. 38, fig. 20.

1859. *Ostrea Boucheroni,* Coquand, Bulletin, t. 16, p. 1007. —
       1860, Charente, t. 11, p. 176. —
       Synopsis, p. 120.
. 1862. — *Tevesthensis,* Coquand, Pal. Constantine, p. 227, pl. 19,
       fig. 7-13.

Coquille ostréiforme, de forme et de taille variables suivant l'âge, lisse, mince, inéquivalve, adhérente par le sommet. *Jeune,* elle est allongée, légèrement transverse, fortement accuminée sur la région cardinale, arrondie sur la
région palléale, linguiforme. Valve inférieure convexe ou
légèrement bombée. Valve supérieure concave. Le sommet,
très-étroit, forme une pointe oblongue, droite ou arquée,
et, dans ce dernier cas, elle se rapproche de l'*O. curvirostris.*

La valve inférieure déborde faiblement la valve opposée. Quelques individus conservent cette forme jusqu'à la taille de 65 millimètres ; d'autres, au contraire, tout en présentant la forme aiguë du sommet, se renflent considérablement et se rétrécissent sensiblement vers la région palléale. *Adulte*. Coquille large ou subtriangulaire, presque aussi large que haute, ornée de rides concentriques rapprochées. Valve inférieure convexe, à surface gauchie, traversée souvent par un pli diagonal, large, qui partant du sommet, aboutit à l'extrémité de la région palléale, en la séparant en sections inégales et leur imprimant une double torsion. Valve supérieure suivant toutes les inflexions de la valve opposée.

Cette espèce, dont quelques individus jeunes ressemblent à l'*O. curvirotris*, s'en sépare nettement, quand elle est devenue adulte, Elle prend alors une forme large qui la fait tellement s'écarter de sa forme primitive, qu'il faut avoir sous les yeux tous les passages pour ne pas être entraîné à en faire plusieurs espèces.

Nous l'avons découverte dans les assises santoniennes de Lavalette (Charente). Plus tard, nous recueillions à R'fana, près de Tébessa, une série de jeunes individus, dont aucun ne se rapprochait assez du type adulte, pour permettre de les identifier. Mais tout récemment, M. Péron m'a communiqué des environs de Mansourah, de Medjès et du Bordj Bou Aréridj (Sétif), des individus de très-grande dimension qui ne me laissent aucun doute sur l'identité de l'*O. Tevestensis*, avec l'*O. Boucheroni*.

Pl. XXXI, fig. 1-3. Exemplaire de la Charente.

Pl. XXXVII, fig. 1-16. Exemplaires de divers âges et de diverses formes de R'fana. Pl. XXXVIII, fig. 20. Grand individu de Medjès. Toutes, de notre collection et de celle de M. Péron.

117. Ostrea Bourguignati, H. Coquand. 1869.
Pl. 38, fig. 15-19 ; pl. 21, fig. 7-12.

Coquille ostréiforme, subtriangulaire, inéquivalve, déprimée et plate dans son ensemble, adhérente par le sommet,

Valve inférieure convexe, formée de quatre ou cinq gros plis foliacés, concentriques, étagés, saillants, imbriqués régulièrement, séparés par des espaces lisses. Crochet non saillant. Valve supérieure concave, aussi haute et présentant les mêmes ornements que l'autre.

Cette espèce par sa forme subtriangulaire rappelle quelques individus de l'*O. Brossardi*; mais elle s'en distingue facilement par sa structure foliacée et imbriquée, par l'absence de stries longitudinales, ainsi que par sa forme déprimée et la concavité de sa valve supérieure.

Nous l'avons découverte dans les assises santoniennes de R'fana, près de Tébessa, sur les confins de la Tunisie. M. Brossard l'a retrouvée dans la subdivision de Sétif. Elle existe également en France à St-Paterne et à Villedieu.

Pl. XXXVIII, fig. 15-19, individus de R'fana; pl. XXI, fig. 7-9, individus de Sétif; fig. 10-12, de St-Paterne. De notre collection.

118. Ostrea Deshayesi, H. COQUAND. 1869.
Pl. 21, fig. 1-2. Pl. 23, fig. 1-2. Pl. 24, fig. 1-3. Pl. 22, fig. 1.

1834. *Alectryonia Deshayesi*, Fischer, Bull. nat. Moscou, t. 8, pl. 2.
1834. *Ostrea diluviana*, Goldfuss, Petref., pl. 75, fig. 4 (non Linné).
1842. — — Rousseau, Rus. Mérid., pl. 11.
1842. — *pes-leonis*, Forbes, India, pl. 18, fig. 5.
1846. — *Santonensis*, Orbigny, Terr. Crét., pl. 484.
1862. — — Chenu, Man. Conch., pl. 197, fig. 1001.

Coquille ostréiforme, ovale-oblongue, un peu oblique, souvent aussi épaisse que large, élargie sur le labre, très-rétrécie au talon; fossette étroite, droite. Valves presque égales, la supérieure un peu plus déprimée, portant chacune de 15 à 25 côtes anguleuses, tranchantes, qui se terminent en dents très fortes, aiguës au pourtour; en outre, ces côtes se dichotoment de distance en distance. Intérieur des valves lisse; empreinte musculaire ovale, saillante. Cette espèce, vivant souvent par groupes, offre des formes assez variables.

Costulée comme l'*O. dichotoma*, elle s'en distingue facilement par sa forme plus large, plus épatée et plus oblique. Elle se sépare aussi de l'*O. diluviana* par sa forme plus étroite au talon qu'ailleurs et par son empreinte musculaire.

Cette espèce parfaitement figurée en 1834 par Fischer sous le nom d'*O. Deshayesi*, a reçu en 1842 de Forbes celui d'*O. pes-leonis* et, en 1846, de d'Orbigny, celui de *Santonensis*.

Elle est santonienne et se trouve à Lavalette, Montmoreau, Aubeterre, Cognac, Mortagne, Archiac, Royan (Deux-Charentes); dans la Dordogne, en Touraine, à Saint-Fraimbault (Sarthe); au Beausset, à Martigues (Provence); à Kara-sou-Bazar et Simphéropol (Crimée); en Espagne, entre Bonar et Sabero. — En Algérie, à Djebel Haloufa, R'Fana, Djebel-Karkar, M'Zab-el-Messaï. M. Vatonne l'a rapportée de Ammada, près de G'hadamès (Tripoli). — Dans l'Inde à Verdachellum.

Pl. XXI, fig. 1, pl. XXII, fig. 1; pl. XXIII, fig. 1. — Exemplaires des Deux-Charentes. — Pl. XXI, fig. 2. Exemplaire d'Algérie. — Pl. XXIII, fig. 2, individu jeune de la Charente. — Pl. XXIV, fig. 1-2, individus de la Charente; fig. 3, exemplaire d'Ammada. De notre collection.

119. Ostrea dentata, DEFRANCE. 1821.

1821. *O. dentata*, Defr., Dict. Sc. Nat., t. 21, p. 30.

« Cette espèce est plus grande que l'*O. diluviana*, les dents dont ses bords sont garnis sont plus profondes; mais elle a des rapports avec elle. » L'absence de figures et d'indications plus précises ne nous autorisent pas suffisamment à reconnaitre l'*O. Deshayesi*. Nous avons donc dû conserver à cette dernière le nom de Fischer, qui s'applique d'ailleurs au plus illustre de nos paléontologues.

Elle se trouve dans la Champagne.

1·0. Ostrea microsoma, H. Coquand, 1869.

Pl. 20, fig. 14-20 (sous le nom de *minuta*).

1840. *Ostrea minuta* , Roëmer, Nordd., Kreid., pl. 8, fig. 2.
(non *G. minuta* Sowerby, 1827).
1846. — — Reuss, Bohm. Kreid., pl. 27, fig. 29-35.

Coquille ostréiforme , arrondie, de petite taille, à sommet proéminent, ornée de lamelles écailleuses concentriques. Voisine de l'*O. gibba*, cette espèce santonienne se trouve dans le Planermergel et l'Untern Planerkalk, à Luschitz, Kystra, Kantz, Rosstitz, Oppeln, Darup, Coesfeld, Sarstedt, Goslar, Ilseburg, Halberstad, Lann, Borzen, près de Birlin, Wegstadtl, près Randnitz et à Vaels, près d'Aix-la-Chapelle.

Pl. XX, fig. 14-20. Types de M. Reuss.

1·1. Ostrea Rouvillei, H. Coquand. 1862.

Pl. 21, fig. 3-6 et pl. 24, fig. 7-11.

1862. *Ost·ea Rouvil'ei*, Coquand, Pal. Constantine , pl. 22, fig. 8-10.
1863. — *folium*, Schafhault, Lethæa, pl. 34, fig. 10 (non Linné).
1863. — *facolta*, Schafhault, Lethæa, pl. 24, fig. 11 (non Sow).

Coquille ostréiforme, linguiforme, allongée, droite, lisse, subéquivalve. Valve inférieure convexe, adhérente par le crochet, munie de stries concentriques d'accroissement. Valve supérieure légèrement convexe ; crochets apparents et contigus.

Cette espèce présente au premier coup d'œil de grandes ressemblances avec l'*O. Boucheroni* jeune; mais elle s'en distingue par sa forme constamment droite, son accroissement régulier, tandis que celle-ci prend de suite une forme renflée, et ses valves se recourbent vers les bords grâce à une dépression médiane.

Elle caractérise l'étage santonien. Elle se trouve en Algérie, à Bou-Saada (Province de Constantine). En Allemagne, à Kressenberg, où elle est associée à la *Vulsella Turonensis*.

Pl. XXI, fig. 3 et 4. Individus d'Algérie. De notre collection. Fig. 5, type de l'*O. folium* de Schafhault. Fig. 6, type de l'*O. falcata* du même auteur.

122. Ostrea gibba, Reuss. 1844.

Pl. 20, fig. 9-10. Pl. 62, fig. 11-14.

1844. *Ostrea gibba*, Reuss, Skizz, 11, p. 179.
1846. —   —   Reuss, Böhm. Kreid., pl. 27, fig. 28.
1867. —   —   Eichw., Lethæa rossica, pl. 19, fig. 6.

Coquille ostréiforme, quadrangulaire, allongée, à sommet tronqué carrément et à bords presque parallèles, ornée de lamelles écailleuses, concentriques; sommet peu proéminent; impression musculaire ovale.

L'*O. gibba* ne diffère de l'*O. minuta* que par sa forme plus allongée, et il ne serait pas impossible qu'elle n'en fût qu'une simple variété.

Elle est santonienne et se trouve dans le Planermergel, à Luschitz (Bohême) et à Khoroschowo (Moscou). Ce n'est que d'après l'autorité de M Eichwald, que nous rapprochons les individus de la Russie de ceux de la Bohême; il ne serait pas impossible que les premiers appartinssent à la formation oxfordienne : cette opinion semble être justifiée par les différences que l'on remarque entre les exemplaires des deux provenances. Nous ajouterons que le *Lethæa rossica* laisse beaucoup à désirer sur la certitude des horizons géologiques.

Pl. XX, fig. 9 et 10, d'après les dessins de M. Reuss. Pl. LXII, fig. 11-14, types d'Eichwald.

123. Ostrea Aristidis, H. Coquand. 1869.

Pl. 71, fig. 1, 2.

Coquille ostréiforme, allongée, inéquivalve, peu épaisse. Valve inférieure plate, adhérente par sa surface entière. Valve supérieure convexe, ornée de côtes rayonnantes, saillantes, au nombre de cinq, entre lesquelles se développent des stries fines, nombreuses, longitudinales. Sommet aigu, apparent, excentrique auquel se soude, sur la région buccale, une expansion très-développée ; bord buccal terminé par des plis pectiniformes. Bord opposé tranchant. Cette espèce ne ressemble à aucune Huître connue.

Elle a été découverte par M. Aristide Toucas fils, dans les assises santoniennes du Castellet (Var).

Pl. LXXI, fig. 1, 2. Individu du Castellet. De la collection de M. Toucas.

124. Ostrea Oppeli, H. Coquand. 1869.

Pl. 25, fig. 15.

Coquille ostréiforme, ovale, un peu oblique. Valve supérieure convexe, arrondie sur le pourtour, ornée de grosses côtes rayonnantes, simples, régulières, espacées, tranchantes, qui se détachent du sommet et viennent aboutir à la périphérie. Crochet incliné, oblique, non débordant.

Cette espèce rappelle un peu, par ses côtes, quelques jeunes individus de l'*O. Deshayesi* ; mais elle s'en sépare très-nettement par sa forme arrondie, ses côtes non dichotomées et surtout par son talon qui est régulièrement arrondi, au lieu d'être rétréci.

Cette élégante espèce a été découverte par M. Arnaud dans l'étage coniacien des environs de Cognac (Charente).

Pl. XXV, fig. 15. Individu de grandeur naturelle. De notre collection.

125. Ostrea licheniformis, H. Coquand. 1869.

Pl. 37, fig. 17-19.

Coquille ostréiforme, un peu plus haute que large, subrhomboïdale, peu épaisse, inéquivalve. Valve inférieure convexe, étalée, ornée de nombreuses côtes rayonnantes, rapprochées, irrégulières, se détachant du sommet et se rendant, sous forme d'éventail, vers le bord palléal. Ces côtes, qui recouvrent la surface entière de la valve, sont plus fortement costulées vers les régions buccale et anale que dans la partie médiane ; de plus, elles sont groupées en faisceaux, que séparent les uns des autres des sillons assez profonds ; chaque faisceau montre un assemblage de côtes simples à leur point de départ, mais qui se dichotoment à l'infini, à mesure qu'elles gagnent la périphérie ; elles deviennent rayonnantes et bosselées dans les parties où elles interceptent les lignes d'accroissement. Les rebords de la valve se terminent par un ourlet presque vertical, dû à un rabattement abrupt des côtes. Sommet aigu et proéminent, droit. Impression musculaire assez large, ovale, oblongue, latérale, creusée dans le côté buccal. Le creux de la valve occupée par l'animal est bordé par un épanouissement tranchant, qui a la forme d'une colerette plissée. La valve supérieure n'est pas assez bien conservée dans l'exemplaire que nous possédons, pour en donner les caractères. Toutefois elle était plate et semblait dépourvue des côtes que l'on observe sur la valve opposée.

Cette espèce provient des assises santoniennes des environs de Martigues (Bouches-du-Rhône).

Pl. XXXVII, fig. 17-19. Individus de notre collection.

126. Ostrea Petrocoriensis, H. Coquand, 1860.
Pl. 25, fig. 12-14.

Coquille ostréiforme, subtrapézoïdale, ou ovale-allongée, subéquivalve. Valve supérieure convexe, traversée, à partir du sommet et suivant une arête longitudinale médiane, vaguement indiquée, par des côtes radiées, assez régulières, flexueuses, épaisses et tranchantes. Quelques-unes de ces côtes, surtout vers la région palléale, ont une tendance à la dichotomie. Valve inférieure bombée, présentant les mêmes ornements que la valve opposée. Sommets contigus.

Cette espèce a été découverte par M. Arnaud, à la base de l'étage coniacien, à Gourd-de-l'Arche (Dordogne).

Pl. XXV, fig. 12-14. Exemplaire de la collection de M. Arnaud.

127. Ostrea sigmoïdea, Geinitz. 1849.
Pl. 34, fig. 5-8.

1841. *Exogyra sigmoïlea*, Reuss, Skizz, t. 11 p. 180.
1846.   —   —   Reuss, Böhm. Kreid., pl. 27 fig. 1-4.
18 16.   —   *haliotiler*, Geinitz, Grund., pl. 20 fig. 21.
1866.   —   *sigmoïlea*, Zittel, Biv. Gosau, pl. 19, fig. 9.

Coquille exogyriforme, arquée, auriculaire ; valve inférieure plate en dessous, ornée de stries rayonnantes, ondulées, séparées, de distance en distance, par des lamelles
écailleuses. Le côté buccal s'élève presque verticalement,
de manière à former une cloison oblique, tranchante, se
repliant un peu vers l'intérieur de la valve et orn'e à son
tour de stries longitudinales qui contrastent avec celles de
la partie plate de la valve. Le côté opposé est mince. Cro-
ch t contourné sur lui-même en spirale, enveloppé par le
retour du bord. Impression musculaire ovale, très-rappro-
chée du sommet. Rebord interne denticulé dans le voisinage de la charnière.

Cette espèce, dont la forme rappelle l'*O. haliotidea*, s'en
distingue par les stries contrastantes que l'on observe sur
la surface adhérente de la valve inférieure.

Elle appartient à l'étage santonien et à été recueillie
dans l'unter planerkalk de Schillinge près Bilin, à Plauen,
près Dresde; Kausche, Quedlinbourg (Westphalie) et à
Hoferbraben, en Autriche; Autreppe (Belgique).

Pl. XXXIV, fig. 5-8, Types de Reuss et de ma collection.

128. Ostrea Merceyi, H. Coquand, 1869.
Pl. 28, fig. 22; pl. 29, fig. 8-14.

Coquille ostréiforme, allongée, conique, irrégulière,
subéquivalve, bombée. Valve inférieure bombée, lisse,
sillonnée par de nombreuses stries d'accroissement concentriques et bordée sur tout son pourtour extérieur par des
dents triangulaires, aiguës, rapprochées et disposées en
dents de scie; intérieur lisse; impression musculaire ovale,

grande. Crochet excentrique, chez les vieux individus,
ne constituant pas le sommet de la coquille, mais
fortement incliné sur la région anale; chez les jeunes, le
crochet est aigu et porte une fossette légamentaire à peine
indiquée.

Cette espèce par les dents aiguës qui bordent le pourtour
des valves et qui ne se rattachent à aucun système de côtes
s'écarte tellement de toutes les Huîtres connues, qu'on ne
saurait la confondre avec aucune autre espèce.

Elle provient des couches les plus élevées de l'étage santonien, caractérisées par le *Micraster coranguinum*. Elle a
été recueillie par M. de Mercey, à Tartigny (Oise). Nous
la possédons également des environs de Parnes.

Pl. XXVIII, fig. 22. Individu de Parnes. De notre collection. — Pl. XXIX, fig. 8-14. Individu de Tartigny.
De la collection de M. de Mercey.

129. Ostrea Proteus, Reuss. 1846.

Pl. XXII, fig. 2-14.

1844. *Ostrea polymorpha*, Reuss, Skizz, t. 11, p. 179. (non
            Hagenow 1842).
1845.   — *Proteus*, Reuss, Böhm. Kreid., pl. 27, fig. 12-27.
1852.   — *minuta*, Giebel, Deutschl., p. 336 (non Roemer).

Coquille ostréiforme, de petite taille, très-variable dans
sa forme, trapézoïdale, ovale ou triangulaire, mince. Valve
inférieure convexe, adhérente par le sommet ou par
une portion de sa surface, lisse ou ornée de plis concentriques d'accroissement, légèrement gibbeuse; sommet aigu
ou tronqué à son extrémité, généralement saillant. Valve
supérieure plane, aussi grande que l'autre.

Cette espèce a été créée par M. Reuss pour une Huître
de petite taille, très-variable dans sa forme, et dont il est
plus facile de saisir les caractères d'après un ensemble de
figures que d'après une description. Nous lui rapportons
une *Ostrea* que nous avons recueillie dans les environs de

Martigues, et qui ne diffère de celles de Bohême que par ses dimensions un peu plus grandes.

Elle appartient à l'étage santonien. Elle se trouve en France, dans les environs des Martigues, associée à l'*O. plicifera*; en Allemagne et en Bohême dans le Planemergel de Luschitz, Kystra, Kautz, Rowtitz, Laun, Bilin, Radnitz, Oppeln, Darup, Coesteld, Larstedt, Goslar, Ilsebourg, Halberstadt, Quedlinbourg.

Pl. XXII, fig. 2, 3, 4, 5. Types des Martigues. De notre collection. Fig. 6-14. Types de Reuss.

130. Ostrea Peroni, H. COQUAND, 1869.

Pl. 35 fig. 3-5; pl. 38, fig. 5-9.

Coquille ostréiforme, subtriangulaire, oblique, virguliforme, ou falciforme, inéquivalve; valve inférieure légèrement convexe, adhérente par le sommet, ornée de côtes aiguës et crénelées régulièrement dans tout leur parcours, séparées par des sillons d'égale dimension, qui se détachent du sommet et tendent à se dichotomer vers la périphérie. Valve supérieure plate, un peu plus courte que l'autre, et offrant le même système de côtes et d'ornementation. Quelques individus ont les côtes un peu plus espacées.

Cette élégante et petite espèce offre quelque ressemblance avec l'*O. Villei*, mais elle s'en sépare par sa taille constamment petite, par ses côtes crénelées et par sa valve supérieure qui est toujours plate. Elle ressemble également à une variété de l'*O. semiplana*; mais la crénelure des côtes ainsi que leur espacement toujours régulier, et de plus, sa petite taille suffisent pour l'en distinguer.

Elle a été découverte par M. Péron dans l'étage santonien des environs du Bordj-bou-Areridj (prov. de Constantine).

Pl. XXXV, fig. 3, 4, individu de grandeur naturelle; fig. 4, le même grossi. Pl. XXXVIII, fig. 5-8 et 9, variété falciforme. — Fig. 7, variété à côtes plus espacées. De la collection de M. Péron et de la nôtre.

131. Ostrea limæ, GEINITZ, 1843.

Pl. 23. fig. 3.

1843. *Ostrea limæ*, Geinitz, Kiesslingsw., pl. 3, fig. 18.

Coquille ostréiforme, subovoïde, limæéforme. Cette espèce n'est connue que par la figure qu'en donne M. Geinitz. Il est difficile d'en connaître la forme, car appliquée par toute la surface de sa valve inférieure sur une *Lima*, elle en a reproduit les ornements et le contour.

Elle provient des couches santoniennes de Kiesslingswalda (Silésie).

Pl. XXIII, fig. 3. Type de Geinitz.

132. Ostrea lateralis, NILSSON. 1827.

Pl. 18, fig. 12 : pl. 30, fig 10-11.

1799. .... Faujas, Maestricht, pl 25, fig. 4.
1827. *Ostrea lateralis*, Nilsson. Petref, pl. 8, fl r. 7-10.
1832. — *canaliculata*, Dumont, Liége. p. 360.
1835. — — Hisinger, Letlæa, pl. 13, fig. 1.
1837. *Gryphœa lateralis*, Dubois, Bull. t. 8, p. 385.
1837. *Exogyra* — Deshayes. Crimée, p. 21.
1840. — — Geinitz. Grund, pl. 20, fig. 22.
1846. — — Reuss, Kreid, pl. 27, fig. 38-17.
1858. *Ostrea canaliculata*, Orbigny, Prod., t. 11, p. 255 et 294.

Coquille ostréiforme, exogyriforme ou gryphoïde, très-profonde, libre ou adhérente, allongée. Valve inférieure convexe, régulièrement courbée, lisse ou bien marquée de rares plis concentriques d'accroissement, espacés, très-gibbeuse dans sa partie médiane, mais dépourvue de carène. Sommet très-proéminent, recourbé sur lui-même, à la manière d'une Gryphée, se prolongeant, du côté anal, en une expansion latérale, plissée, quelquefois très-développée et simulant l'expansion d'une Rostellaire. Valve supérieure operculiforme, mince, concave, ornée de plis concentriques.

Cette espèce ressemble beaucoup à l'*O. canaliculata*, avec laquelle elle a été presque constamment confondue ; mais elle en diffère par sa forme beaucoup plus allongée et gibbeuse, par son crochet plus développé et médian, tandis qu'il est latéral dans l'autre, sa valve inférieure plus profonde, et l'absence de plis réguliers sur cette dernière.

Nilsson en créant son *O. lateralis* a eu en vue des espèces de la craie supérieure de la Suède; mais ses figures sont très-mauvaises. Sowerby en créant son *O. canaliculata*, a décrit des individus qui appartiennent incontestablement aux grès verts. Nous conservons ces deux espèces, et en maintenant le nom de *lateralis* pour l'une d'elles, nous avons obéi à un sentiment de pure convenance, ne voulant pas introduire une dénomination nouvelle, car nous le répétons, il est impossible de s'en rapporter aux figures de Nilsson.

Cette espèce appartient à la partie la plus supérieure de l'étage santonien. On la cite en France à Mauléon et à Gensac; à Livernant (Charente); à Chavot, à Etapes, à Orglande, La Herelle, Tartigny, Plessier-sur-Saint-Just (Oise); à Meudon; à Ardevillers, à Poix (Somme); Fécamp, Nolain (Aisne); Rouvrey (Somme); Petit-Andelys (Eure); à Charing, Kent et Trimmingham en Angleterre; Cyply (Belgique); Maëstricht, Ugnsmunnara et lac Jfosjo (Suède); dans le planerkalk de Kosstiiz, de Laun, de Strehlen (Bohême).

Pl. XVIII, fig. 12. Un des types de Reuss. Pl. XXX, fig. 10-13; individus de Cyply, collection de M. Deshayes; fig. 14, individu de Picardie, collection de M. de Mercey.

133. **Ostrea Oxyrhyncha**, H. Coquand. 1869.
Pl. 37, fig. 21-25.

Coquille ostréiforme, de petite taille, virguliforme, inéquivalve. Valve inférieure triangulaire, aiguë au sommet, arrondie à son pourtour, convexe, portant une carène obtuse, submédiane, ornée de stries tendant à se transformer en plis concentriques. Crochet aigu, saillant, oblique et non contourné sur lui-même. Fossette du ligament triangulaire, impression musculaire arrondie, petite, latérale. Valve supérieure operculiforme, légèrement concave, complètement lisse.

7

Cette espèce rappelle l'*O. lateralis*, mais elle s'en distingue nettement par sa forme plus épatée, sa carène médiane, par son sommet aigu et jamais recourbé, ainsi que par l'absence de plis sur la valve supérieure.

Elle appartient à l'étage santonien et nous l'avons découverte dans les environs de Montmoreau (Charente). M. de Mercey l'a retrouvée à Tartigny (Oise).

Pl. XXXVII, fig. 21-25. Individus de notre collection.

134. Ostrea Geinitzii, H. Coquand. 1869.
Pl. 35, fig. 6 et 7 (sous le nom de *subplicata*).

1839. *Ostrea subplicata*, Geinitz, Char., pl. 21, fig 16 (non *subpli-*
        —   — *cata* Desh. 1824 — non Roemer 1840).
1845.   —   —   Reuss, Böhm. Kreid., pl. 31. fig. 11.

Coquille ostréiforme, de forme vésiculaire, arrondie, lisse, traversée, au dessous du sommet de la valve inférieure, la seule qui est connue, par un gros sillon, et à son pourtour, par quatre gros sillons, qui la découpent en digitations épaisses, imitant la patte d'un quadrupède. Ces plis ne remontent pas au dessous de la moitié de la valve.

Cette singulière espèce ne nous est connue que par les figures qu'en ont données MM. Reuss et Geinitz. Ce dernier la cite à Kutschlin où elle est associée à l'*O. flabelliformis* Nilss., ce qui semblerait indiquer une patrie santonienne.

Pl. XXXV, fig. 6, type de Reuss; fig.7, type de Geinitz.

135. Ostrea trigoniæformis, H. Coquand. 1860.
Pl. 18, fig. 6-8

1860. *Ostrea trigoniæformis*, Coquand, Charente, t. 11. p. 130—
             Synopsis, p. 74.

Coquille exogyriforme, triangulaire, peu profonde, un peu plus haute que longue, ayant, quant à sa forme extérieure, la plus grande ressemblance avec une Trigonie. Valve inférieure convexe, marquée de rides irrégulières concentriques, rapprochées, feuilletées, devenant écailleuses vers l'extrémité de la région anale. Ces rides se croisent avec des côtes divergentes simples, disposées en faisceaux superposés. Ces côtes chez les individus adultes se terminent par des pointes. Sommet peu saillant, recourbé. Impression musculaire semi-lunaire, portée sur une lame saillante.

Cette élégante espèce a été découverte par M. Arnaud dans l'étage coniacien des environs de Périgueux. Nous l'avons retrouvée depuis dans les environs des Martigues.

Pl. XVIII, fig. 6. Individu des Martigues. — Fig. 7, 8. Individu de Périgueux. — De la collection de M. Arnaud et de la nôtre.

136. Ostrea dichotoma, BAYLE. 1849.

Pl. 27, fig. 1-6.

1849. *Ostrea dichotoma*, Bayle, Richesse min. de l'Algérie, t. 1. pl. 18, fig. 17, 18.
1862. — — Coq., Pal. Constant., pl. 23, fig. 1, 2.

Coquille ostréiforme, de grande taille, subrectangulaire, oblongue, sensiblement équilatérale, à valves bombées. Valves ornées d'un grand nombre de côtes anguleuses, qui naissent à une petite distance des crochets et se dirigent vers le pourtour de la coquille. Les côtes, en s'éloignant des crochets, se bifurquent, et chacune des deux branches se bifurque, à son tour, jusqu'à ce qu'elle atteigne le bord des valves. Les côtes sont anguleuses, rugueuses, et leur section, suivant un plan perpendiculaire à leur longueur, présente la forme d'un triangle isocèle, dont le sommet correspond à l'arête des côtes et la base à la surface des valves. Les intervalles que les côtes laissent entre elles sont profonds, et leur largeur est sensiblement la même que celle des côtes. La forme étranglée et rectangulaire, non recourbée, distingue cette espèce de l'*O. Deshayesi* avec laquelle elle a beaucoup d'analogie.

Cette espèce, d'origine santonienne, a été découverte par M. Fournel à M'zab-el-Messaï, au bord de l'Oued K'antra. Je l'ai recueillie dans les mêmes localités, ainsi qu'à R'fana, à Aïn-Saboun et à Djebel Haloufa, près de Tébessa; par M. Brossard à El-Alleg; par M. Ville dans les environs de Dalmatie, sur le revers nord de l'Altas, auprès du Soumah; par M. Nicaise à Garn et Salem, près Aumale; enfin par M. Vatonne au Hammada, près de G'hadamès, Régence de Tripoli. Elle a été rapportée par M. Schlœgendweit d'Alliarpelti, sud de l'Inde.

Pl. XXVII, fig. 1-6. Exemplaires de notre collection.

137. Ostrea reticulata, GEINITZ. 1849.
Pl. 34, fig. 9, 10.

1847. *Exogyra reticulata*, Reuss, Böhm. Kreid., pl. 27, fig. 8.
1849. *Ostrea*   — Geinitz, Quaders, p. 204.

Coquille exogyriforme, suborbiculaire. Valve inférieure convexe, traversée par des côtes longitudinales, formant une double arête entre laquelle se développent des stries concentriques, flexueuses et rapprochées, qui lui donnent une structure réticulée. Sommet contourné. Valve supérieure concave, crénelée intérieurement sur les bords. Impression musculaire ovale, assez grande.

Cette espèce, voisine de l'*O. sigmoïdea*, est santonienne et se trouve en Bohême à Schillinge, près de Bilin et à Weisskirchlitz, près de Tæplitz.

Pl. XXXIV, fig. 9, 10. — Types de Reuss.

138. Ostrea hippopodium, NILSSON. 1827.
Pl. 18, fig. 1, 4 et 5; pl. 19; pl. 20, fig. 1-8.

1799. .... Faujas, Mont. St-Pierre. pl. 22, fig. 4.
1827. *O. hippopodium*, Nilsson, Petref. Suec., p. 30, pl. 7, fig. 4
        (non Goldfuss).
1829. *Avicula lithuana*, 1829, Eichwald, Zool. spec. Rossica, t.1, p. 288.
1837. *Ostrea Talmontiana*, Archiac, Mém., Soc. Geol. t. 11.
1837.   — *hippopodium*, Hisinger, Lethæa, pl. 13, fig. 4.
1842.   — *mirabilis*, Rousseau, Rus. mérid., pl. 5 et pl. 12, fig. 1.

1843. *Ostrea hippopodium*, Orbigny, Ter. Crét., t. 111, pl. 482 (non pl. 481).
1845. — — Reuss, Böhm. Kreid., pl. 28, fig. 10-15, 17, 18 ; pl, 29, fig. 1-18 ; pl. 30, fig. 13-15.
1845. — *capillaris*, Reuss, Böhm. Kreid., p. 40.
1845. — *trapezoïdea*, Reuss, Böhm. Kreid., pl. 30, fig. 9-11.
1849. — *biauriculata*, Bayle, Algérie, p. 367.
1849. — *hippopodium*, Alth, Lemberg, pl. 13, fig. 3.
1850. — *virgata*, Sowerby in Dixon, pl. 26, fig. 1 (non Goldf.).
1850. *Gryphœa globosa*, Dixon, Sussex, pl. 27, fig. 5.
1859. *Ostrea Saliguaci*, Coquand, Bulletin, t. 16, p. 976. — Charente, t. 11, p. 131.
1861. — *subvirgata*, Gabb., Synopsis, p. 154.
1863. — *hippopodium*, Schaffault, Lethæa, pl. 31, fig. 7.
1867. — — Eichw., Lethæa, Rossica, pl. 19, fig. 5.
1867. — *lithuana*, Eichw., — — p. 384.

Coquille ostréiforme, subtétragonale ou arrondie, très-irrégulière, déprimée dans le jeune âge, épaisse dans l'âge adulte et susceptible d'acquérir un très-grand développement, lisse ou bien marquée de lignes concentriques d'accroissement qui se transforment en plis rugueux chez les vieux individus. Valve supérieure plane ou concave, légèrement bombée à son centre, à bords relevés tout autour, portant chez les jeunes, des rayons espacés comme l'*O. vesicularis*. Valve inférieure fixée sur une grande partie de sa surface, à bords relevés presque perpendiculairement vers la région palléale. Crochets contigus, droits et médians chez les adultes. Jeune, cette espèce est plane, arrondie ou tétragonale ; en vieillissant ses bords se relèvent tout-à-coup en s'accroissant successivement.

M. d'Archiac a fait des gros individus , son *O. Talmontiana*, et M. Rousseau, son *O. mirabilis*. Ce dernier décrit dans les termes suivants les exemplaires qui proviennent de la Crimée : « C'est la plus grande Huître que l'on connaisse. Dans l'état adulte, c'est-à-dire, dans son plus grand développement, sa valve inférieure s'élève d'environ un décimètre au dessus de la surface extérieure, sur laquelle elle repose, à l'extrémité opposée de la charnière ; mais cette élévation est peu considérable dans les indivi-

dus qui ne sont pas encore arrivés à une grande taille.
Elle est presque tout-à-fait insensible dans beaucoup d'autres qui n'ont atteint qu'environ un décimètre et demi. »

Cette espèce se distingue des *O. biauriculata* et *vesicularis* par sa surface plane en dessous et relevée sur les bords, ainsi que par la continuité de ses crochets. Elle est santonienne et se trouve : à Cognac, Barbezieux, Lavalette, Saintes, Talmont, Archiac, Royan, Mortagne (Deux-Charentes); à St-Paterne et dans la Touraine ; aux Martigues, au plan d'Aups et au Castellet (Provence) ; à Faloise, la Hérelle, (Picardie); Etaples (Pas de Calais) ; Talmas (Somme); Beauvais, Fitz-James ; Sussex et Norfolk (Angleterre ; Ifo et Ugunsmunnara (Suède); Grodno, Aktuscha (Wolga) et Pensa (Russie) ; Bagtcheh-Saraï, Tchoufont, Kaleh et Simphéropol (Crimée); Aix-la-Chapelle et Maëstricht, Quedlinburg, Ahlten, Strehlen, Kiesslingswalda, Lemberg, Rügen ; Kosstitz, Trziblitz (Bohême) ; Oued-el-Kantr'a, El Outaïa, R'Fana, Aïn Saboun, (Chaîne du Doukkan, province de Constantine).

Pl. XVIII, fig. 1, pl. XIX, pl. XX, fig. 2, 3, 4, 5, 7.
Types de la Charente, de notre collection ; pl. XVIII, fig. 4, 5, jeunes individus de St-Paterne ; pl. XX, fig. I.
Type de Nilsson ; fig. 6-8. Types de la Charente.

139. Ostrea Bourgeoisi, Coquand. 1869.
Pl. 17. fig. 1-2.

Coquille exogyriforme, auriculaire, lisse. Valve supérieure plane ou légèrement concave, un peu relevée à son pourtour extérieur ; surface ornée de stries longitudinales très-fines, régulières, rapprochées, légèrement flexueuses et à peine saillantes. Sommet contourné sur lui-même, ne sortant pas du plan de la valve et donnant naissance à un bourrelet extérieur plissé, qui borde la région buccale sans passer sur la région anale. Interieur de la valve lisse, crénelé sur le bord interne qui se rapproche du sommet, lequel porte une dent obtuse. Impression subcentrale, profonde, large, ovale.

Cette espèce, qu'il serait facile de confondre, à première

vue, avec l'*O. haliotidea*, s'en distingue très-nettement par les stries longitudinales qui ornent sa valve supérieure.

Elle a été découverte par M. Hébert, dans l'étage santonien, à Saint-Paterne.

Pl. XVII. fig. 1, 2. Exemplaires de la collection de la Sorbonne.

140. Ostrea acanthonota, H. Coquand, 1869.
Pl. 38, fig. 1-4.

Coquille ostréiforme , de moyenne taille, légèrement arquée, oblongue, à valves bombées, subéquivalve. Valve ornée d'un grand nombre de côtes anguleuses qui naissent à une petite distance des crochets et se dirigent vers le pourtour de la coquille en se bifurquant successivement, à mesure que la coquille grandit. Ces côtes, assez régulièrement disposées, sont anguleuses et sont recouvertes, de distance en distance , d'aspérités écailleuses, imbriquées, qui souvent se transforment en épines obtuses. Les intervalles des côtes sont profonds et de même largeur qu'elles. Sommets égaux.

Cette espèce ressemble à l'*O. dichotoma* ; mais elle s'en distingue par sa forme recourbée et surtout par les écailles et les épines dont la surface des valves est hérissée.

Elle a été découverte par MM. Brossard et Péron dans les assises santoniennes de Medjès, de Mansourah, d'El-Alleg, subdivision de Sétif (Algérie).

Pl. XXXVIII, fig. 1-4. Exemplaires de la collection de M. Péron et de la mienne.

142. Ostrea Brudakensis, H. Coquand 1869.
Pl. 62, fig. 1.

1867. *Exogyra contorta* , Eichwald , Lethæa Rossica, pl. 19, fig. 9 a, (non b, c) (non Archiac)

Coquille exogyriforme; valve inférieure fortement bombée, à crochet tourné en spirale et placé du côté droit, munie de côtes rayonnantes, espacées, qui commencent au crochet et passent de là jusqu'au bord inférieur, lequel est arrondi. Les interstices entre les côtes sont finement garnis de stries d'accroissement concentriques.

Cette élégante espèce provient de la craie supérieure (Campanien ou Santonien) de Badrak (Crimée).

Pl. LXII, fig. 1. Type d'Eichwald.

143. Ostrea Trauscholdi, Coquand. 1869.
Pl. 62, fig. 2, 3.

1867. *Exogyra contorta*, Eichwald, Lethæa rossica, pl. 19, fig. 9, c et b (non a), (non Archiac).

Coquille exogyriforme, inéquivalve. Valve inférieure fortement bombée, à crochet tourné en spirale et placé du côté droit: la surface est lisse, les bords seuls sont plissés, à plis courts, correspondant aux plis de la valve supérieure. Celle-ci est convexe, à plis épais ou à côtes rayonnantes, qui ne laissent libre que le sommet, et vont de là jusqu'aux bords, pour s'appliquer aux plis de la valve inférieure.

Cette espèce diffère de la *Badrakensis* par l'absence de côtes espacées remontant jusqu'au sommet de la valve inférieure.

Elle est campanienne ou santonienne et provient du sable glauconien de Badrak en Crimée.

Pl. LXII. fig. 2, 3. Type de M. Eichwald.

144, Ostrea striatula, Eichwald. 1846.
Pl. 62, fig. 4, 5.

1846. *O. striatula*, Eichw., Géog. Russie. p. 485.
1849. .... Rouillier, Bull. Moscou, 1849, pl. N, fig. 111.
1867. *O. striatula*, Eichw., Leth. Rossica, pl. 19, fig. 11.

Coquille ostréiforme, ovalaire, presque orbiculaire, à petit crochet adhérent par le sommet médian. Bord cardinal arrondi et rétréci et à lobe antérieur divisé par un sinus peu profond, mais distinct. Test assez épais, se composant de 8 à 10 couches épaisses d'accroissement, formant des lames inégales concentriques, dont la surface est parcourue

de stries rayonnantes espacées, et recouverte par un épiderme muni de stries rayonnantes, nombreuses et très-
rapprochées. Bords arrondis.

Cette espèce rappelle un peu l'*O. vesicularis*, mais elle en
diffère par son bord cardinal, qui est étroit et non élargi,
par ses stries rayonnantes et sa valve moins profonde.

Elle est campanienne et santonienne et non néocomienne,
comme l'écrit M. Eichwald. Elle se trouve à Jletzkaya-
Saschtschita près d'Orenbourg et à Khoroschowo près de
Moscou.

Pl. LXII, fig. 4 et 5. Types d'Eichwald.

145. Ostrea striato-costata, H. Coquand. 1869.
Pl. 65, fig. 2, 3.

1867. *Exogyra striato-costata*, Eichw., Lethæa Ros., pl. 19, fig. 10.

Coquille exogyriforme, renflée, concave et presque
triangulaire. La valve inférieure est traversée par une carène qui occupe toute sa longueur; la surface est pourvue
de 4 ou 5 côtes, qui descendent de la carène en direction
oblique vers le bord, lequel est arrondi; de plus elle est
garnie de nombreuses stries obliques entre les côtes. La carène est coupée par des stries d'accroissement, qui se relèvent près du crochet en aspérités écailleuses; celles-ci sont
plus fréquentes sur la pente enfoncée qui s'élève au bord
droit de la valve, vers laquelle le crochet est contourné en
demi-spirale. Le sommet épais et triangulaire est couvert
de stries rayonnantes, nombreuses et serrées; la fossette ligamentaire est étroite et longue; les côtés, tranchants, sont
crénelés en dedans. La base de la coquille se prolonge en
angle aigu.

Cette espèce diffère de l'*O. conica* par la présence des
côtes et des stries obliques que l'on remarque sur la valve
inférieure, Elle est campanienne ou santonienne et provient
du sable glauconien de Badrak en Crimée.

Pl. LXV, fig. 2, 3. Types de M. Eichwald.

146. Ostrea fornix. EICHWALD, 1867.

Pl. 62, fig. 9 et 10.

1867. *O. fornix*, Eichw., Lethæa Rossica, pl. 19, fig. 4.

Coquille ostréiforme, mince et fragile, à crochet peu saillant et infléchi d'un côté ; bord cardinal tranchant. Valve inférieure convexe, pourvue irrégulièrement de rides concentriques infléchies et courbées en différentes directions, offrant des deux côtés de la valve les stries d'accroissement plus marquées, à peine écailleuses; les bords de la valve sont tranchants et minces.

Cette espèce, qui n'est connue que par sa valve inférieure, provient de Khoroschowo, aux environs de Moscou, d'un grès noirâtre, que M. Eichwald rapporte à l'étage néoconien, mais qui doit être attribué au campanien ou au santonien, à moins qu'il ne soit jurassique.

Pl. LXII, fig. 9, 10. Types de M. Eichwald.

147. Ostrea Karassoubazarensis, H. COQUAND. 1868.

Pl. 62, fig. 6-8.

1866. *O. undulata*, Eichw., Géogn. Russie, p. 491 (non Sow.).
1867.   —   Eichw., Lethæa Rossica, pl. 19, fig. 2, 3.

Coquille ostréiforme, transverse, convexe, garnie de côtes rayonnantes, au nombre de 30 à 35, très rapprochées et devenant plus épaisses vers le bord postérieur, qui est doucement élargi. Les côtes sont coupées par des stries d'accroissement très-fines, onduleuses et fortement rapprochées ; les intervalles sont striés en travers, ainsi que les côtes. La surface de la coquille est en outre marquée de gros sillons concentriques, au nombre de 4 ou 5, de plus en plus espacés. Les deux côtés sont arrondis et passent au bord inférieur sous forme d'un demi-cercle crénelé. Crochet à peine saillant, submédian.

Cette espèce diffère de l'*O. plastica*, suivant M. Eichwald, par l'épaisseur de sa valve supérieure, qui est très-bombée, tandis que celle de la première est plane, même plus ou moins enfoncée.

Elle est campanienne ou santonienne et se trouve à Khoroschowo, à lletzkaya-Sashtschita, aux environs d'Orenbourg et à Karassoubazar (Crimée).

Pl. LXII, fig. 6, valve supérieure de Khoroschowo. Fig. 7 et 8, valve supérieure d'lletzkaya. Types de M. Eichwald.

148. Ostrea biconvexa, EICHWALD. 1867.
Pl. 71, fig. 3-5.

1867. *O. biconvexa*, Eichw., Lethæa Rossica. pl. 19, fig. 8.

Coquille ostréiforme, de grandeur moyenne, mince, allongée, ovalaire, à valves convexes, l'inférieure plus convexe que la supérieure. Crochet petit, infléchi de côté et offrant une fossette ligamentaire triangulaire ; la surface de la valve est lisse, à stries d'accroissement concentriques, coupées vers les bords par de courtes côtes, qui n'occupent que les bords de la valve, lesquels par là deviennent crénelés. Le bord gauche est droit et l'autre convexe ; il se dilate quelquefois vers le bord cardinal en une large proéminence, qui semble former une oreillette. La valve supérieure est également convexe, mais beaucoup moins que l'inférieure, elle manque de côtes et ne présente que des stries concentriques d'accroissement. Le crochet est à peine saillant, et tourné également vers le bord gauche. La surface des valves est écailleuse et raboteuse par suite des stries d'accroissement lamelleuses.

Cette espèce ressemble un peu à l'*O. cuculus*, mais elle en diffère par sa plus grande taille, par ses bords cardinaux arrondis et obtus, non aigus, et par la convexité très prononcée de ses valves.

Elle est campanienne ou sénonienne et provient du sable glauconien de Karassoubazar (Crimée).

Pl. LXXI, fig. 3-5. Types d'Eichwald.

149. Ostrea Costei, H. Coquand. 1869.

P. 26, fig. 3-5 et pl. 38, fig. 13, 14.

Coquille ostréiforme, très-globuleuse. Valve inférieure
très-convexe, gibbeuse, irrégulière, presque aussi haute
que large, adhérente par le sommet sur une surface très-
large, portant latéralement une partie saillante, séparée
du reste par un sillon large et profond; ornée de petites
côtes rayonnantes, nombreuses, irrégulières, se croisant
avec les plis concentriques d'accroissement et se transformant aux lignes d'intersection en lames légèrement écailleuses. Valve supérieure concave, tronquée au sommet,
operculiforme.

Cette espèce rappelle la forme de certaines variétés des
O. hippopodium et *vesicularis*; mais elle s'en distingue très-
nettement par les côtes et les plis écailleux de sa valve inférieure.

Elle a été découverte par nous dans l'étage santonien
des environs de Castellet (Var), et par MM. Brossard et
Péron, à Medjès, M'Karta et Mansourah (subdivision de
Sétif.

Pl. XXVI, fig. 3-5. Individus des Martigues, de notre
collection. Pl. XXXVIII, fig. 13, 14. Individus d'Algérie,
de la collection de M. Péron et de la nôtre.

150. Ostrea Caderensis, H. Coquand. 1869.

Pl. 56, fig. 6-9.

Coquille exogyriforme, de moyenne taille, subtriangulaire. Valve inférieure profonde, adhérente par le sommet,
traversée dans toute sa longueur par une arête médiane
obtuse qui la divise en deux régions distinctes, dont l'anale
est parfaitement lisse. La région opposée est occupée par
une série de 8 à 9 côtes régulières, courtes, épaisses, qui
se soudent à l'arête médiane, et dont les inférieures ont la
tendance à se grouper en faisceaux. Valve supérieure plate,
lisse, mais bordée vers la région buccale d'un bord frangé
en forme de collerette, lequel est séparé du reste de la

valve par une arête tranchante, au-dessus de laquelle il se relève verticalement à la hauteur de 3 à 4 millimètres. C'est dans ce rebord que s'emboîte la valve supérieure, à l'inverse de ce qui s'observe dans la généralité du genre *Ostrea*. Ce dernier caractère, qui persiste dans tous les exemplaires que nous possédons, suffit pour distinguer des autres cette singulière espèce.

Elle a été recueillie par moi, à la Cadière, près du Bausset (Var), dans l'étage provencien, avec *Hippurites organisans*.

Pl. LVI, fig. 6-9. De notre collection.

151. Ostrea Tisnei, H. Coquand, 1869.
Pl. 55, fig. 1-9.

Coquille ostréiforme, oblongue, inéquivalve, très-variable dans sa forme. Valve inférieure profonde, adhérente par le sommet, gibbeuse, à cause d'une arête médiane obtuse. De cette arête se détachent des côtes aiguës, nodulo-épineuses, espacées, tendant à la dichotomie vers la périphérie. Valve supérieure moins épaisse, mais offrant le même système de côtes que la valve opposée.

Cette espèce rappelle, dans quelques individus, l'*O. pectinata*, et dans quelques autres, l'*O. Deshayesi*; mais elle s'en distingue facilement par sa forme plus trapue, par le plus grand écartement de ses côtes et par son sommet aigu. Certains exemplaires, à cause de l'adhérence de la valve entière, sont lisses et ne manifestent des côtes que vers le bord extérieur ; ils rappellent alors la forme de l'*O. quercifolium*.

Elle a été recueillie par MM. Toucas, Roux, Le Mesle et nous, dans les bancs à *Hippurites organisans* du Beausset, de Martigues, de Méjean et des bains de Rennes (Aude). Elle est donc provencienne.

Pl. LV, fig. 1, 2. Variété aplatie à cause de l'adhérence; fig. 3-7, forme ordinaire ; fig. 8, 9. Forme plus élargie, des bains de Rennes ; de notre collection.

152. Ostrea Meslei, H. Coquand. 1869.
Pl. 63, fig. 1.

Coquille ostréiforme, subrhomboïdale, peu épaisse. Valve inférieure adhérente par le sommet où elle se montre lisse. Au dessous de la surface d'adhérence se détachent dans tous les sens, des côtes nombreuses, élevées, tranchantes, divergentes, se dichotomant à une certaine distance et se terminant, à la périphérie, en dents de scie. L'intérieur de la valve est lisse. Impression musculaire semi-ovale, saillante. Crochet oblique avec fossette ligamentaire triangulaire. Cette remarquable espèce rappelle l'O. *Deshayesi*, mais sa forme quadrangulaire et la manière différente dont les côtes se distribuent sur la surface de la valve, l'en distinguent facilement.

Elle a été découverte par M. Toucas, dans les assises provenciennes du Beausset (Var).

Pl. LXIII, fig. 1, valve inférieure, la seule qui soit connue. De la collection de M. Toucas.

153. Ostrea Biskarensis, H. Coquand. 1862.
Pl. 53, fig. 15-17.

1862. *Biskarensis*, Coquand, Pal. Constantine, pl. 21, fig. 10-12.

Coquille ostréiforme, de petite taille, triangulaire, lisse où marquée de lignes d'accroissement très-nombreuses, se dessinant sous forme de rides rapprochées ou de plis un peu plus distancés, adhérente par le sommet. Sommet proéminent, entièrement dépourvu d'oreillettes. Valve inférieure convexe, épaisse, oblique; valve supérieure plate, quelquefois légèrement bombée, un peu plus courte que l'autre. On remarque sur la valve inférieure de quelques individus provenant du Djebel Aïa un système de stries rayonnantes analogues à celles qui ont été signalées sur l'O. *columba*.

Cette espèce a été découverte par nous au Col-de-Sfa, près de Biskr'a, sur les limites mêmes du Sahara, dans l'étage provencien. Elle a été retrouvée depuis dans la même position par nous au Djebel Achentous, près de Batna, et par M. Nicaise au Djebel Aïa, à l'E. du Rocher de Sel, près de Djelfa (Prov. d'Alger).

Pl. LIII, fig. 15-17. Individu de notre collection.

154. Ostrea Rhadamantus, H. Coquand. 1869.
Pl. 22, fig. 15-17

Coquille exogyriforme, ovale, oblongue, subarquée, lisse. Valve inférieure convexe, divisée en deux parties inégales par une arête médiane qui part du sommet et tend à s'effacer vers le milieu de la valve, ornée de rides concentriques, irrégulièrement espacées. Crochet fortement recourbé sur la gauche, non saillant. Valve supérieure operculaire, marquée de rides concentriques très-serrées, surtout vers les bords.

Cette espèce a de l'analogie avec l'*O. decussata*, mais elle s'en distingue par sa plus grande taille, son crochet non saillant et par sa forme plus épatée.

Elle a été découverte par M. Brossard dans les assises provenciennes du Djebel el Falek (subdiv. de Sétif).

Pl. XXII, fig. 15-17. Individus de ma collection.

155. Ostrea Dupuii, H. Coquand. 1869.
Pl. 63, fig. 3, 4, 5.

Coquille exogyriforme, presque ronde, inéquivalve. Valve supérieure presque plate, lisse vers la région anale où elle présente, vers le bord, une carène dont la partie externe est striée en travers, et portant, vers le bord opposé, quelques côtes dichotomes. Valve inférieure plus épaisse, divisée en deux parties inégales par une carène tranchante dont la partie externe est abrupte, tandis que l'autre est plane et même légèrement excavée. La surface entière est labourée par des côtes grosses, onduleuses, divergentes, portant, de distance en distance, des nodosités plus ou moins épineuses. Sommets fortement contournés.

Cette espèce offre beaucoup de ressemblance avec l'*O. Matheroniana*; mais elle en diffère par sa forme presque circulaire et non arquée, par l'absence de carène médiane sur la valve supérieure, par l'interruption des côtes sur la même valve et par l'existence des côtes avec nodosités épineuses, divergentes, qui ornent ses deux valves.

Elle a été recueillie par M. l'abbé Dupui dans l'étage provencien du Beausset (Var).

Pl. LXIII, fig. 3, 4, 5. Individu de notre collection.

156. Ostrea Arnaudi, H. Coquand. 1869.
Pl. 40, fig. 5-10

Coquille ostréiforme, transverse, très-irrégulière, épaisse, très-inéquivalve. Valve inférieure fixée sur une partie de sa surface, très-renflée, à bords relevés vers la région palléale, ornée de plis irréguliers, rayonnants, simples ou multiples, se transformant en côtes au dessous du sommet et devenant écailleux dans les points d'intersection avec les stries d'accroissement. Valve supérieure plane, à bords relevés tout autour, lisse, marquée de quelques rides concentriques d'accroissement. Crochets médians, un peu obliques. Impression musculaire large, arrondie et profonde.

Cette espèce, qui possède la forme extérieure de l'*O. hippopodium*, en diffère par les côtes qui ornent la surface entière de sa valve inférieure. Elle diffère également de l'*O. Rochebruni* par sa forme renflée et surtout par l'absence de côtes sur la valve supérieure.

Elle a été découverte par M. Arnaud dans l'étage angoumien d'Angoulême, associée à la *Radiolites lumbricalis*.

Pl. XL, fig. 5-10. Individus de la collection de M. Arnaud et de la mienne.

157. Ostrea Rochebruni, H. Coquand. 1859.
Pl. 18, fig. 13-15.

1859. *Ostrea Rochebruni*, Coquand, Bull. soc. géol., t. 16, p. 969.
— Charente, t. 11, p. 120.

Coquille ostréiforme, inéquivalve, irrégulière, déprimée,

de forme trapézoïdale, largement adhérente par le sommet
de la valve inférieure. Valve supérieure plane ou légèrement
concave, coupée carrément à la région cardinale et se terminant par deux expansions égales, arrondies vers la région
palléale, ornée de plis nombreux, costulés, tranchants, profonds, séparés par des sillons d'égale largeur, ne remontant pas jusqu'au sommet de la coquille, mais s'arrêtant à
la surface adhérente, qui est lisse et dont la largeur est variable. Ces côtes sont traversées par des lignes d'accroissement et aux points d'intersection elles deviennent ondulées.
Sommet aigu, mais engagé le plus souvent dans les expansions auriculaires qui ne le dépassent pas, ce qui fait que la
région cardinale est terminée par une ligne droite. Fossette
du ligament médiane, profonde, couchée en forme de bec
arqué, creuséede rides concentriques. Impression musculaire
ovale et profonde. Valve inférieure légèrement convexe,
présentant les mêmes ornements que la valve opposée.
L'ensemble de la coquille est en général tourmenté.

Cette espèce ne saurait être confondue avec aucune
autre de la craie. Elle a été découverte par M. de Rochebrune père, dans les assises angoumiennes à *Radiolites
cornu-pastoris*, dans les Chaumes de Crage, près d'Angoulême. Nous l'avons retrouvée dans la même position à
Chateauneuf (Charente). M. Hébert l'a recueillie à Audi-
gnon (Landes).

Pl. XVIII. fig. 13-15. Individus de notre collection.

158. Ostrea eburnea, H. Coquand. 1869.
Pl. 56, fig. 10-14.

Coquille exogyriforme, subvésiculaire, lisse, de très-petite
taille, adhérente par le sommet. Valve inférieure triangulaire, gibbeuse, faiblement lobée au dessous du crochet.
Crochet libre, recourbé légèrement sur lui-même, ou bien
adhérent, et dans ce cas, tronqué par une cicatrice plus ou
moins grande.

Cette espèce rappelle la physionomie de l'*O. vesicularis*;

8

mais elle s'en sépare par sa taille constamment petite et par son crochet exogyriforme.

M. Arnaud l'a découverte dans l'étage angoumien, des environs d'Angoulème (Charente). Elle se trouve en Provence dans les environs de Cassis.

Pl. LVI, fig. 10-14. individus d'Angoulême. De notre collection.

159. Ostrea operculata, Reuss. 1846.
Pl. 53, fig. 13-14.

1846. *Ostrea operculata*, Reuss, Böhm, Kreid., pl. 27, fig. 9 ; pl. 30, fig. 12.

Coquille ostréiforme. Cette espèce ne nous est connue que par le dessin qu'en donne M. Reuss et que nous reproduisons fidèlement. Elle est plate, arrondie, lisse, presque équiaxe et porte sur un seul de ses côtés une expansion auriforme assez étendue. Crochet non saillant. Impression auriculaire très-large, ovale, transverse.

Elle appartient à l'étage carentonien. Elle a été signalée dans l'hippuritenkalk de Kutschlin, de Grossdorf et de Deberno (Bohême).

Pl. LIII, fig. 13, 14. Types de M. Reuss.

160. Ostrea biauriculata, Lamarck, 1819.
Pl. 42, fig. 1-7.

1819. *Ostrea biauriculata*, Lamarck, Anim. s. Vert., t. 6, p. 21.
1819. — *minima*, Lam., An. s. Vert., t. 6, p. 210.
1834. — *vesicularis*, Goldfuss, Petref., pl. 81, l, m, n, o, p.
1846. — *biauriculata*, Orbigny, Ter. crét., t. 3, pl. 476.
1862. — — Chenu, Man. de conch. p. 196, fig. 991.

Coquille ostréiforme, lisse ou seulement marquée de lignes d'accroissement, variable, irrégulière, semi-globuleuse, tronquée carrément au sommet et pourvue, à cette partie, d'un élargissement auriforme de chaque côté. La fossette du ligament presque droite, médiane. Valve supérieure concave, mince. Valve inférieure convexe, gibbeuse, s'élevant des crochets vers le milieu, où elle forme une forte saillie et est très-épaisse. Impression musculaire centrale, ovale et transverse, très-profonde. Quelque individus ont le sommet avec les oreillettes peu prononcées.

Cette espèce se distingue de l'*O. vesicularis* par son arête cardinale toujours tronquée et pourvue de deux oreillettes, au lieu d'une seule, par son talon horizontal, par son empreinte musculaire centrale et non latérale; elle se distingue aussi de l'*O. hippopodium*, par sa forme quadrangulaire, droite et non transverse.

Elle est spéciale à l'étage carentonien. Elle se trouve en France, au Mans, à la Flèche, à Saint-Calais, Sainte-Croix (Sarthe), Ile d'Aix, Cognac, Châteauneuf, Angoulême, Anqueville, Bagnolet (Charente), Milhac (Dordogne), la Baralière et Turbin, près du Bausset (Var).— En Allemagne.— En Saxe.— En Espagne, entre Bônar et Sabero.— En Portugal, à Alcantara, près Lisbonne. — En Palestine (M. Fraas).

Pl. XLII, fig. 1, type de Goldfuss; fig. 2, 3, individus du Mans, de notre collection; fig. 4, 5, individus d'Angoulême, de notre collection; fig. 6, individu du Beausset, de notre collection; fig. 7, individu d'Angoulême, de notre collection.

161. Ostrea Dessalinesi, H. Coquand. 1869.

Pl. 50, fig. 3-7.

1846. *Ostrea carentonensis*, Orbigny, Ter, crét., t. 3, pl. 473 (non)
O. carentonensis, Defrance, Dict. sc.
nat. t. 22, p. 25 (1821).

Coquille ostréiforme, ovale ou oblongue, quelquefois arquée. Valve supérieure plane et même concave, lisse au milieu, crénelée et fortement dentée au pourtour, surtout à la région buccale, où l'on remarque la partie lisse séparée de la partie dentée par une forte crête élevée et très-saillante.. A la région anale on observe une expansion assez prononcée. La valve inférieure, fixée sur une grande partie de sa surface, s'élève obliquement du talon vers le labre; elle est ornée de onze côtes anguleuses qui forment, sur le bord, autant de côtes aiguës. Le talon, souvent prolongé, est droit ou oblique.

Bien que variable dans sa forme, cette espèce ne se distingue de l'*O. diluviana*, dont elle est très-voisine, que par sa valve supérieure plane et par la crête externe qui la décore.

Elle est spéciale à l'étage carentonien et se trouve à l'Ile Madame, à Angoulême (Deux-Charentes), dans les bancs à Ichthyosarcolites, ainsi qu'à Sainte-Croix, près du Mans.

Pl. L, fig. 3-7, individus de la Charente, type de d'Orbigny; fig. 6, 7, individus du Mans. De notre collection.

162. Ostrea pesdraconis, H. Coquand. 1869.
Pl. 51, fig. 3-4.

Coquille ostréiforme, droite, ovale, allongée. Valve inférieure concave, adhérente par le sommet, ornée de 8 à 10 grosses côtes larges, longitudinales, tranchantes, simples, séparées par des sillons d'égale grandeur et portant, de distance en distance, des plis concentriques écailleux, dus aux lignes d'accroissement. Intérieur de la valve lisse; impression musculaire profonde, oblongue, latérale. Crochet triangulaire; fossette ligamentaire longue, étroite.

Cette espèce, par son sommet aigu et ses côtes larges et simples, se distingue des autres espèces à côtes, telles que les *O. Tisnei, diluviana, Dessalinesi,* avec lesquelles on pourrait les comparer.

Etage carentonien de Sainte-Croix, près du Mans.

Pl. LI, fig. 3, 4. Valve inférieure de notre collection.

163. Ostrea lingularis, Lamarck. 1819.
Pl. 49, fig. 10-12.

1819, *O. lingularis*, Lamk., Anim. s. vert. t. 6. p. 220.

Coquille ostréiforme, allongée, linguiforme, inéquivalve, adhérente par le sommet. Valve inférieure convexe, tendant

souvent à la forme plate, ornée de côtes régulières, dichotomes, non tranchantes ; sommet aigu et proéminent, souvent déformé par suite de son adhérence, consistant en un
talon dans lequel était inséré le ligament. Bords légèrement frangés, s'amincissant vers la base. Valve supérieure
plane, ornée de stries concentriques, moins longue que
l'autre. Impression musculaire ovale.

Cette espèce est spéciale à l'étage carentonien. Elle se
trouve dans les bancs à *Ostrea biauriculata*, au Mans, à
Sainte-Croix (Sarthe) et dans la Charente.

Pl. XLIX, fig. 10, 11. Individu de grande taille, du
Mans ; fig. 12, valve inférieure (intérieur), du Mans. De
notre collection.

164. Ostrea Desori, H. Coquand. 1869.
Pl. 48, fig. 8, 9.

Coquille ostréiforme, subrhomboïdale, subéquiaxe, arrondie à son pourtour. Valve inférieure convexe, ornée de
grosses côtes irrégulières, inclinées, tranchantes, élevées, se
terminant en dents de scie. Ces côtes s'atténuent à mesure
qu'elles remontent vers le sommet, où elles s'effacent complètement. Elles sont séparées par des sillons très-profonds.
Sommet peu proéminent.

Cette espèce, par ses côtes inclinées ainsi que par sa forme élargie et épatée, se sépare facilement des autres Huîtres
de forme rastellaire.

Elle a été découverte par M. Arnaud dans l'étage carentonien (bancs inférieurs à Ichthyosarcolites), des environs
d'Angoulême.

Pl. XLVIII, fig. 8, 9. Individu de notre collection.

165. Ostrea trapezoïdea, Geinitz. 1839.
Pl. 36, fig. 19.

1839. *Ostrea trapezoïdea*, Geinitz, Char., pl. 21, fig. 13.
1845.   —   —   Reuss, Böhm. Kreid., pl. 30, fig. 9-11.

Coquille ostréiforme, trapézoïdale. Valve inférieure coupée presque carrément de chaque côté, convexe, lisse, ou portant des plis peu accusés, concentriques, régulièrement espacés, dus aux lignes successives d'accroissement; sommet obtus, à peine indiqué.

Cette espèce, par sa forme trapézoïdale, se distingue nettement des autres Huîtres.

Elle appartient à l'étage carentonien inférieur et se trouve à Tyssa, Malnitz, Postelberge, Koriczan ; en Bohême, dans l'unterer Quadersandstein, associée à l'*O. columba.*

Pl. XXXVI, fig. 19. Type de Geinitz.

166. Ostrea Vultur, H. Coquand. 1869.

Pl. 39, fig. 1-4.

Coquille exogyriforme, vésiculaire, triangulaire, très-dilatée. Valve inférieure très-profonde, gibbeuse, carénée, un peu oblique, s'arquant d'une manière régulière des crochets aux bords. Crochet fortement recourbé en spirale à la manière de l'*O. columba.* Il se détache du sommet une arête sous forme de côte noduleuse très-saillante, qui divise la valve en deux régions inégales; celle qui correspond à la région buccale reste libre et lisse ou faiblement striée, la région anale, au contraire, est labourée par trois grands plis longitudinaux, portant de distance en distance des épines robustes, dont les rangées régulières correspondent à des périodes successives d'accroissement. Ces plis sont séparés par des sillons profonds, qui se maintiennent lisses. Valve supérieure operculiforme, marquée de quelques lignes rayonnantes. Les grands plis épineux dont la valve inférieure est hérissée suffisent pour séparer franchement cette espèce de toutes les autres Huîtres.

Elle appartient à l'étage carentonien, et a été découverte à Boneuil-Matours (Vienne), associée à l'*O. biauriculata.*

Pl. XXXIX, fig. 1-4. Individu de la collection de l'Ecole des Mines.

167. Ostrea Daubrei, H. COQUAND. 1869.
Pl. 46, fig. 1-4.

Coquille ostréiforme, subtriangulaire, allongée, irrégulière, mince. Valve inférieure convexe, lisse dans sa région médiane, ou du moins marquée de rugosités peu saillantes, terminée à son pourtour par cinq gros plis irréguliers, et dont le médian est bien plus prononcé que les autres. Ces plis très-tourmentés et finissant en dents de scie sont séparés par des sillons d'égale dimension. Valve supérieure concave, présentant les mêmes ornements que l'inférieure. Sommet oblique, placé au milieu d'une expansion auriculaire très-large.

Cette espèce, par sa minceur et la forme anguleuse de son pourtour, se sépare des autres Huîtres de la craie. Elle a été découverte par M. Arnaud dans les bancs inférieurs à Ichthyosarcolites des environs d'Angoulême. Etage carentonien.

Pl. XLVI, fig. 1-4. Exemplaire de notre collection.

168. Ostrea Trigeri, H. COQUAND. 1869.
Pl. 51, fig. 1, 2.

Coquille exogyriforme, arquée, épaisse, épatée, adhérente par le sommet. Valve supérieure profonde, globuleuse, couverte sur toute sa surface de lames écailleuses, imbriquées, saillantes, dont quelques-unes tendent, mais faiblement, à devenir épineuses. Ces lames écailleuses sont concentriques et correspondent aux périodes successives de l'accroissement de la coquille, et ne sont traversées par aucune côte longitudinale. Sommet recourbé. Impression musculaire subcentrale, très-large, subrhomboïdale. Valve supérieure operculiforme, lisse dans presque toute sa surface, excepté vers le bord externe où elle se montre formée de nombreuses lamelles très-rapprochées.

Cette coquille offre beaucoup de ressemblance extérieure avec les O. Overwegi et Olisoponensis. Elle s'en sépare

cependant avec beaucoup de netteté par son absence de
côtes longitudinales sur la valve inférieure, ainsi que par
la structure écailleuse de ses lames d'accroissement. Elle
offre également beaucoup de rapports avec quelqes individus
vieux de l'*O. torosa,* dont la valve inférieure est écailleuse ;
mais cette valve montre néanmoins toujours des indices de
côtes longitudinales ; dans tous les cas, ces dernières, qui
ornent également la valve supérieure, offrent un caractère
de distinction tranchant.

Cette espèce remarquable a été découverte par M. Triger
dans les assises carentoniennes des environs du Mans.

Pl. LI, fig. 1, 2. Exemplaire de la collection de M. Pictet et de l'École des Mines.

169. Ostrea diluviana, Linné. 1767.

Pl. 40, fig. 1-1,

1767. *Ostracites diluviana,* Vahlenb., Upsal., t. 8, pl. 4, fig. 7-9.
1767. *Ostrea diluviana,* Linné, Syst. nat., p. 1148 (non Parkins).
1789. . . . . Encycl. méth., pl. 187, fig. 1, 2, et pl. 188,
fig. 1, 2.
1819. — *phyllidiana,* Lamk., An. s. vert. t. 6, p. 215.
1834. — *diluviana,* Goldfuss, Pet. Germ., pl. 85, fig. 4, d, f, g,
h, i, k. l. (non a, b, c, e).
1837. — — Hisinger, Lethæa, pl. 14, fig. 5.
1845. — — Reuss, Böhm. Kreid., pl. 30, fig. 16, 17,
pl. 41, fig. 1; pl. 45, fig. 1.
1846. — — Orbigny, Ter. Crét. t. 3, pl. 480.
1850. — *plicato-striata,* Geinitz, Char., pl. 21, fig. 14, 15.
1850. — *Hubleri,* Geinitz, Char., pl. 21. fig. 12.
1850. — *macroptera,* Geinitz, Char., p. 85. (non Sow.).

Coquille ostréiforme, obronde, ovale, ou même oblongue, oblique, très-élevée et très-épaisse, élargie fortement au talon, où elle montre une très-large facette.
Fossette du ligament grande, droite, oblique, ou contournée sur le côté. Les deux valves inégales. Valve supérieure
moins épaisse ; partie supérieure bombée et couverte de 18
à 34 côtes anguleuses, les unes simples, les autres bifurquées, qui partent d'une certaine distance du sommet
et se dirigent obliquement, les unes en avant, les autres

de côté. Les côtes de la région bucale sont les plus grandes. Intérieur des valves lisse. Empreinte musculaire triquètre, latérale, concave.

Cette espèce est très-variable dans ses détails et dans sa forme. Son talon, chez les très-vieux, forme sur la région anale une immense expansion latérale. Dans le jeune âge, son talon est contourné sur le côté spiral à la manière des Exogyres; mais bientôt le talon reste oblique ou devient tout à fait droit, comme cela se vérifie sur les adultes. Jeune, elle possède un petit nombre de côtes; mais celles-ci augmentent jusqu'à l'âge le plus avancé.

Assez voisine par ses côtes de l'*O. Deshayesi*, elle s'en distingue, dans le jeune âge, par son talon contourné latéralement, et dans l'âge adulte, par son bien plus grand nombre de côtes, par sa forme plus large, plus trapue, par son talon plus large, par son attache musculaire excavée plus profondément.

Cette espèce appartient à l'étage carentonien. Elle se trouve: En France: au Mans, à St-Calais (Sarthe), à Tourtenay (Deux-Sèvres), à Artin (Loir et Cher), à St-Même (Charente) et à Orcha (Seine-Inférieure).

En Allemagne: à Essen, Kutschlin, Tyssa, Deberno, Wodolka, Querlinie, Sachsen, Lewenberg, Hirschberg (Bohème); à Waltersdort, Welchhufa, Dippoldiwalda, Oberau (Saxe). M. Seguenza l'a recueillie à Rudi, commune de Barcellona, près de Messine. — Oreschouschon et Choppa, Daghestan (Asie).

Pl. XL, fig. 1, 2. Type de d'Orbigny; fig. 3. Type de Goldfuss; fig. 4. Intérieur de valve du Mans. De notre collection.

170. Ostrea Ratisbonensis, H. Coquand. 1859.
Pl. 4h, fig. 8-12 (sous le nom de *columba*).

1768. .... Knorr, Petref., part. 2, D, III. pl. 62, fig. 13.
1789. .... Encycl. Méthod., pl. 189, fig. 3, 4,
1802. *Gryphæa suborbiculata*, Lamk., système des An. s. vert.
(*nomine derelicto*), (non Münster, non Kéferstein 1828).

1813. *Gryphites Ratisbonensis*, Schlotth., Min. Tasch., t. 7, p. 105.
1819. *Gryphœa columba*, Lamk. An. s. vert. t. 6, 198.
1819.   —   *silicea*, Lamk, An. s. vert., t. 6, p. 200.
1819.   —   *plicatula*, Lamk, An. s. vert., t. 6, p. 200.
1819.   —   *plicata*, Lamk, An. s. vert. t. 6, p. 200 (non
                 Bourguet, Pétrif., pl 15, fig. 89, 90.)
1820. *Gryphites suborbiculatus*, Schlötth., Petref., p. 287.
1820.   —   *spiratus* Schötth., Petref, p. 288.
1822. *Gryphœa columba.*, Sow., min. couch., pl. 383, fig. 1, 2.
1822.   —   —   Brongn., Env. Paris, pl. 6, fig. 8.
1830. *Ostrea*   —   Desh., Encycl. méth., t. 2, p. 302.
1831. *Gryphœa spirata*, Kéferst., Deutschl, t. 7, p. 252.
1831.   —   *columba*, Dubois, Podol., pl. 8, fig. 17, 18.
1831. *Ostrea*   —   Deshay., Foss. caract., pl. 12, fig. 3.
1834. *Exogyra*   —   Goldf., Petref., pl. 86, fig. 9.
1837. *Gryphœa suborbiculata*, Pusch, Pol. Pal., p. 35.
1837. *Amphidonte columba*, Pusch, Pol. Pal. pl. 5, fig. 1, 2.
1844. *Exogyra spiralis*, Potiez et Michaud, Musée de Douai, t. 2
                 pl. 46, fig. 5.
1845.   —   *columba*, Reuss, Böh. Kreid., pl. 31, fig. 1-4.
1845.   —   *plicatula*, Reuss, Böhm. Kreid., pl. 31, fig. 5-7.
1845.   —   *columba*, Bronn, Lethœa, pl. 31, fig. 10.
1846. *Ostrea*   —   Orb., Terr. crét., t. 3, pl. 477.
1848.   —   —   Geinitz, Grundriss, pl. 20, fig. 19, 20.
1847.   —   —   Bayle, Géol. des Ponts, pl. 6, fig. 61.
1849. *Gryphœa columba*, Brown, Illustr., pl. 61, fig. 15.
1852. *Exogyra*   —   Quenstedt, Petref., pl. 40, fig. 34.
1853. *Ostrea*   —   Pictet, Tr. de Pal., pl. 85, fig. 6.
1859.   —   *Reaumuri*, Coquand, Bull., t. 16, p. 960. — Cha-
                 rente, t. 2, p. 107. — synopsis, p. 51.
1862. *Gryphœa columba*, Chenu, Man. conch., p. 197.
1863. *Exogyra recurvata*, Schaf., Lethœa, pl. 35, fig. 1.
1866. *Ostrea columba*, Zittel, Biv. Gosau, pl. 19, fig. 2.

Coquille exogyriforme ou gryphæiforme, régulière, arrondie, fortement dilatée. Valve supérieure operculiforme,
plane ou même un peu concave, moins large que l'autre,
arrondie, lisse, excepté vers la région buccale où, sur les
échantillons bien conservés, une surface assez large est
marquée de plis concentriques lamelleux. Le sommet est
contourné sur lui-même. Valve inférieure très-profonde, en
forme de bonnet phrygien retourné; lisse, pourvue, sur la
région anale, d'un sillon prononcé, surtout chez les vieux
individus. La surface, dans les exemplaires bien conservés,

est couverte de flammules brunes, obliques, en sautoir. Le sommet très-étroit se contourne latéralement et reste toujours libre. Il est souvent, dans le jeune âge, couvert de côtes rayonnantes obliques très-prononcées, qui s'effacent au diamètre de 15 à 25 millimètres. L'impression musculaire, très petite, est tout-à-fait latérale du côté anal.

Cette espèce est sans contredit la plus facile de toutes les Huîtres à distinguer, à cause de sa forme régulière en bonnet phrygien et de sa valve supérieure presque ronde.

Nommée d'abord *G. suborbiculata* par Lamarck, en 1802 ; cet auteur, en 1819, en a fait l'*O. columba* ; mais Schlottheim, en 1813, l'a décrite sous le nom de *Ratisbonensis*, et a renvoyé aux mêmes figures de Knorr que Lamarck. Il ne peut exister par conséquent aucun doute sur leur identité. Ce n'est point sans peine qu'on renoncera à la dénomination spécifique de *columba*, qui est devenue classique. Mais, puisqu'il est admis en principe que les droits de priorité doivent être respectés, on ne pourrait rejeter le nom de Schlottheim, sans violer ces mêmes droits.

Elle caractérise l'étage carentonien ; elle acquiert ses plus grandes dimensions dans les couches à *Inoceramus lubiatus*. Elle se trouve :

En France : au Mans, Sainte-Croix, Bousse (Sarthe); Seignelay (Yonne); Saumur, Sainte-Maure, la Flèche, Tours, Tourtenay, Touvois, Ile d'Aix, Rochefort, Angoulême, Chateauneuf, Cognac (Deux-Charentes), Nontron, Millac (Dordogne), Grasse, Nice, Saint-Is, Eoux, Robion, Cassis, Martigues (Provence), Uchaux (Vaucluse), Saint-Paulet, Carsan (Gard).

En Angleterre : Lyme-Regis, Devon, Northampton, Chute-Farm, Wilsthire.

En Allemagne : Niederschoena, Dippoldiswalda, Tyssa, Adersbach, Pirna, Schandau, Tetschen, Neuland, Malnitz, Drahomischël, Tuchorziz, Grossdorf, Koriczan, Hœllubitz, Lobkowitz, Merklowitz, Deberno, Glatz, Gloggnitz, Lowenberg et Hirchlberg ; Schœmberg, Friedland, Ratisbonne, Peddhradie, Ortowa et Trentschiner (Hongrie).

En Russie : Demezin et Dniester (Podolie).

En Espagne : à Llama Oscura (Oviedo). — En Portugal, Figueira.

En Asie, à l'O. de Chabhanak, Karahissan (Pont).

Pl. XLV, fig. 8, 9. Individu de Saint-Maure. De notre collection ; fig. 10, exemplaire de Ratisbonne ; fig. 11, 12, jeunes individus striés , de Rochefort. De notre collection.

171. Ostrea Baylei , Guéranger. 1853.

Pl. 46, fig, 5-9.

1827. *Ostrea globosa* , Sharpe , Quart. Jour. Société , t. 5, p, 172, (non Sow.)
1853. — *Baylei* , Guéranger (notes inédites).
1859. — — Coquand , Bull. Soc. Géol., t. 16, p. 961.
1860. — — Coquand , Charente, t. 2, p. 103.

Coquille ostréiforme, globuleuse, vésiculaire , très-inéquivalve, lisse ou marquée de plis concentriques d'accroissement, à sommet arrondi ou bien légèrement contourné sur lui-même, ou tronqué sur la partie adhérente. Valve supérieure concave, mince, ornée de quelques lignes rayonnantes peu prononcées, à sommet non tronqué. Valve inférieure très-convexe, profonde, gibbeuse et dominant deux expansions latérales, dont l'une est un peu plus développée que l'autre, mais qui disparaissent dans l'âge adulte.

Cette espèce a beaucoup de ressemblance avec l'*O. vesicularis*. Elle s'en sépare par une taille relativement petite, et surtout par l'absence de la partie saillante et lobée que l'on aperçoit sur la région anale de celle-ci. Elle ressemble aussi, mais d'une manière moins frappante, avec l'*O. vesiculosa*, dont elle diffère par sa forme franchement vésiculaire, la minceur de son test, le peu de développement que prend la fossette ligamentaire et surtout par la forme de son crochet qui n'est jamais aigu ni proéminent.

Cette espèce est spéciale à l'étage carentonien et caractérise les bancs à l'*O. biauriculata*. Elle se trouve :

En France, à Angoulême, Chateauneuf, Cognac, Anqueville, Rochefort (Deux-Charentes); au Mans (Sarthe); en Sicile, à Pizzolo, dans la vallée de Lundo, près de Barcellona (prov. de Messine); en Calabre, à San-Lorenzo, près Brancaleone, à Bove, où elle a été recueillie par M. Seguenza. — En Portugal, dans les environs de Lisbonne. Nous l'avons trouvée en Algérie, à Ténoukla, sous Djebel Osmor, près de Tébessa. M. L. Lartet l'a rapportée de la Palestine.

Pl. XLVI, fig. 5, 6. Individu adulte; fig. 7, 8, 9, individus jeunes du Mans. De notre collection.

172. Ostrea Olisoponensis, H. Coquand. 1869.
Pl. 45, fig. 1-7.

1869. *Exogyra Olisoponensis*, Sharpe, Sec. rocks Portugal, p. 185, pl. 19, fig. 1 et 2.

Coquille exogyriforme, inéquivalve, courbée en arc de cercle, épatée. Valve inférieure semicirculaire, profonde, épaisse, divisée en deux régions à peu près égales par une carène médiane, très-bien prononcée, surtout dans le jeune âge, mais persistant, quoique plus faiblement accusée, dans les individus adultes, ornée de 8 à 10 côtes rayonnantes très-espacées, qui partent simples du sommet et tendent à la dichotomie vers le bord palléal. Ces côtes, à leurs points d'intersection avec les lamelles concentriques d'accroissement, se montrent rugueuses, gauffrées et souvent même deviennent épineuses. Crochet fortement arqué et recourbé. Valve supérieure operculiforme, lisse dans sa partie médiane et devenant lamelleuse au pourtour. Sommet contourné sur lui-même. Chez quelques variétés très-épaisses, les côtes sont moins accusées et les points d'intersection des côtes avec les lignes d'accroissement indiqués par des lamelles écailleuses rebroussées.

Cette espèce, très-voisine de forme de l'*O. Overwegi*, s'en sépare par ses côtes plus espacées et surtout par sa carène médiane, ainsi que par sa valve supérieure qui se montre presque entièrement lisse, tandis qu'elle est rugueuse et lamelleuse dans la première.

Elle caractérise l'étage carentonien et elle se trouve :

En France, à Saint-André et à Boisson, dans le Gard; à Martigues, au Beausset et à Moustiers (Provence).

En Espagne, à Otopuerca, entre Burgos et Goria, Tancajon, Gargallo, Cruvillen (Aragon).

En Portugal, à Lisbonne;

En Algérie, dans la province d'Oran. M. Lartet l'a rapportée de Waddy Masela, à l'E. de la mer Morte, associée, comme à Martigues, à l'*Heterodiadema Lybicum*, à Aïn Ersit, entre Kerak et la Mer Morte; à Aïn Sidy, à Waddy Zervia Maïn (Palestine).

Pl. XLV, fig. 1. Type de Sharpe, du Portugal; fig. 2, 3, 4, 5, individu de l'Algérie, de notre collection; fig. 6, individu des Basses-Alpes, de notre collection; fig. 7, individu jeune de l'Algérie, de notre collection.

173. Ostrea flabellata, ORBIGNY, 1846.

Pl. 49, fig. 1, 2; pl. 50, fig. 1, 2; pl. 52, fig. 1-9.

1813. *Gryphites carinatus*, Schlott., Tasc., t. 7, p. 74 (non Lamarck, 1810).
1819. *Gryphæa plicata*, Lamk., Anim. sans vert., t. 6, p. 199 (non Sow., 1813; non Desh., 1830).
1834. *Exogyra plicata*, Goldf., Petref., pl. 87, fig. 5; *b, c, d, e, f* (exclue fig. *a*).
1834. — *flabellata*, Goldf., Petref., pl. 87, fig. 6.
1834. — *harpa*, Goldf., pl. 87, fig. 7.
1836. *Gryphæa harpa*, Desh., in Lamk., t. 7, p. 209.
1842. *Ostrea pes hominis?* Hagenow, Jahrb, pl. 545.
1844. *Exogyra plicata*, Pot. et Mich., Douai, pl. 46, fig. 3, 4.
1846. *Ostrea flabellata*, Orb., Tr. crét., t. 3, pl. 475.
1849. *Gryphæa plicata*, Brown, Illust., pl. 61*, fig. 26-28.
1852. *Exogyra Boussingaulti*, Conrad, Dead sea, pl. 1, fig. 9.
1852. *Ostrea contorta*, Verneuil et Collomb, Bull. soc. géol., t. 10, p. 102 (non Archiac).
1852. — *flabellata*, Vern. et Coll., Bull., t. 10, pl. 3, fig. 13.
1861. *Exogyra spinosa*, Gabb, synopsis.
1862. *Ostrea plicata*, Chenu, Man. Conchyl., p. 196.
1863. *Exogyra* — Schaf., Lethæa, pl. 29, fig. 1.
1867. *Ostrea Boussingaulti*, Fraas, Aus dem Orient, p. 8.
1869. — *flabellata*, L. Lartet, Expéd. Luynes, Paléont., pl. 8, fig. 10-14.

Coquille exogyriforme, ovale-oblique, arquée en crois-

sant, inéquivalve, très-variable dans son ornementation.
Valve supérieure concave au milieu, carénée et un peu relevée du côté buccal ; sa surface est inondée de rides et de
plis obliques, irréguliers, divergents; la partie externe de
la carène est coupée obliquement et fortement lamelleuse.
Valve inférieure convexe, bien plus épaisse que l'autre,
presque carénée au milieu. De la carène médiane se détachent des côtes divergentes, arrondies, obliques, réalisant
des dichotomies successives, à mesure que la coquille s'ac-
croît, le tout fortement ridé en travers. L'extrémité palléale
est souvent acuminée. Le sommet est fortement courbé sur
le côté en dessous. Il est libre ou engagé dans la coquille.
Il arrive fréquemment que les côtes se multiplient à l'infini
ou qu'elles disparaissent presque complétement, de manière
que la surface des valves se montre lisse. Très-variable
dans sa forme et ses ornements extérieurs, cette espèce se
rapproche tellement, dans ses variétés principales, de l'*O.
Boussingaulti*, qu'il devient très-difficile de l'en distinguer.
D'Orbigny reconnaît que, dans la première, la valve supérieure est plus concave, que les côtes obliques sont le plus
souvent dichotomes, enfin que le bord est presque constamment dépourvu de dents anguleuses. Ces caractères
distinctifs ne nous paraissent pas trop sûrs, quand surtout
on cherche à les appliquer à une série complète. Quoiqu'il
en soit, nous représentons dans nos figures, tant pour l'une
que pour l'autre espèce des individus dont la provenance
nous est personnellement connue.

Elle est spéciale à l'étage carentonien et elle se trouve:

En France, à Angoulême, Chateauneuf, Cognac, Rochefort, Fouras (Deux-Charentes); au Mans (Sarthe); à
Eoux, Saint-Is, Robion, Moustiers, Turbin, la Baralière,
près du Beausset, Cassis (Provence); à Fourtou (Corbières).

En Espagne, à Somolinos, près Alienza, Congostrina,
Oviedo, O. de Mira, Campillo-de-los-Paravientos, entre
Roya et Boniches, Cuenca, Calomarde, N. de Burgos. A
Gargallo, Crevillen, San Just y Pastor (Aragon).

En Calabre, à San Lorenzo, près Brancaleone.

En Sicile, aux Madonies.

En Algérie, à Batna, Ténoukla, Bou Sâada, Teniet Abrochet, Oued Medjedel. A Mukhtârah, Rhamdun (Mont-Liban), avec *Ceratites Syriacus*. A Tih, Wady Nagh el Bader (Sinaï), au S-E. de l'Arabie.

Pl. XLIX, fig. 1, 2, types des Basses-Alpes. Pl. L, fig. 1, 2, types de l'Algérie. Pl. LII, fig. 1, 2, 3, 4, 7, types de l'Algérie; fig. 5, 6, individus jeunes; fig. 8, 9, *O. harpa* de Goldfuss. De notre collection.

174. Ostrea canaliculata, DEFRANCE. 1821.

Pl. 47, fig. 7-10; pl. 45, fig. 13, 14; pl. 52, fig. 13; pl. 60, fig. 13-15.

1813. *Chama canaliculata*, Sowerby, Min. Conch., pl. 26, fig. 1 (non Sow., pl. 135).
1816. *Gryphea* — Sowerby, Min. Conch., pl. 26, fig. 1.
1821. *Ostrea* — Defrance, Dict., t. 22, p. 26.
1819. *Gryphæa distans*, Lamarck, An. S. Vert, t. 6, pl. 199.
1829. *Exogyra undata*, Sowerby, Min. Conch., pl. 515, fig. 7-10.
1834. *Ostrea lateralis*, Godlfuss, Petref., pl. 82, fig. 1 (non Nilsson, 1827).
1837. *Amphidonte undata*, Push, Pol. Pal., p. 39.
1842. *Exogyra parvula*, Leymerie, Mém., t. 6, pl. 12, fig. 8, 9.
1846. *Ostrea canaliculata*, Orbigny, Ter. crét., pl. 471, fig. 4-9.
1849. — — Brown, Illust., pl. 61, fig. 18; pl. 77, fig. 1, 2, 3.
1849. — *lateralis*, Brown, Illust., pl. 61*, fig. 5-8.
1849. *Gryphæa undata*, Brown, Illust., pl. 71, fig. 8.
1858. *Ostrea canaliculata*, Pict. et Roux, Grès Verts, pl. 50, fig. 2.
1869. — — L. Lartet, Expéd. Luynes, Paléontologie, pl. 8, fig. 7.

Coquille ostréiforme, quelquefois exogyriforme ou aviculiforme, irrégulière, subtriangulaire ou ovale allongée. Valve supérieure operculiforme, plane ou concave, ornée de lames concentriques, saillantes, espacées, très-accentuées, légèrement contournée sur elle-même au sommet. Valve inférieure très-irrégulière, suivant la manière dont elle a été fixée, gibbeuse, ornée de lames saillantes, espacées. Sommet libre ou adhérent, saillant ordinairement, oblique et proéminent. Quand la coquille est adulte, on remarque une expansion aliforme, plus ou moins développée vers la région anale.

Cette espèce a beaucoup de ressemblance avec l'*O. lateralis*; elle s'en distingue par sa forme moins gibbeuse, par les lames espacées qui ornent ses deux valves, par son sommet contourné sur lui-même, au lieu d'être gryphoïde.

Elle appartient à la fois à l'étage albien et aux étages rothomagien et carentonien, bien qu'entre les individus provenant de ces divers horizons on observe quelques différences, mais trop légères pour pouvoir motiver leur séparation. Dans le Gault, on la trouve à Neuvilly, Mont-Blainville (Meuse); Grandpré, Varennes (Ardennes); Larrivour, Maurepaire, la Goguette (Aube); Drillons, Saint-Florentin (Yonne); Perte du Rhône et Angleterre. Egurcies (Hainaut). Dans le rothomagien, on la cite au Havre, Rouen, Fécamp, le Buisson, les Frisons, Bouchères (Yonne); à Tournay (Belgique); à Blackdown et Warminster (Angleterre); dans le carentonien, au Mans, à Cassis (Provence), Sillac (Charente).

Pl. XLV, fig. 13, 14, O. *Exogyra parvula*, type de M. Leymerie. Pl. XLVII, fig. 7-10, exemplaires du Mans. De ma collection. Pl. LII, fig. 13, type rothomagien, de Sowerby. Pl. LX, fig. 15, 16, type albien de M. Pictet.

175. Ostrea carinata, LAMARCK. 1810.

Pl. 49, fig. 3-9.

1776. . . . . Natur., 9° partie, pl. 4, fig. 6.
1782. . . . . Buchoz, Dons merv., pl. 9. fig. 1.
1799. . . . . Encycl. méth., pl. 187, fig. 3-5.
1811. . . . . Parkins., Org. Rem., pl. 15, fig. 1.
1810. *Ostrea carinata*, Lamk., Ann. Mus., t. 8, p. 166.
1813. *Ostracites plicatissimus*, Schloth., Tasch., t. 7, p. 112.
1819. *Ostrea scolopendra*, Lamk, An. s. vert., t. 6, p. 216.
1831. — *carinata*, Desh., Coq. car., pl. 13, fig. 1.
1834. — *pectinata*, Goldf., Petref., pl. 74, fig. 7 (non Lamarck 1810).
1837. — *costata*, Archiac, Mém., t. 2. p. 184.
1837. — *colubrina*, Archiac, Mém., t. 2, p. 184.
1840. — *serrata*, Römer, Kreid., p. 45.

8

1840. — *macroptera*, — Kreid., p. 45.
1841. — *carinata*, Moxon, Illust., pl. 15, fig. 5.
1843. — — Longuemar, Etud., pl. 6, fig. 13.
1843. — — Orb., Ter. crét., pl. 474.
1849. — — Brown, Illust., pl. 59, fig. 6.
1852. — — Bronn, Lethæa, pl. 32, fig. 2.

Coquille ostréiforme, étroite, assez allongée, arquée. Valves excessivement comprimées et très-élevées, pourvues d'une expansion aliforme assez peu développée. La partie supérieure dorsale des valves occupe une surface étroite, toujours creusée, où se montrent des espèces d'ondulations irrégulières, très-marquées dans toute la longueur. A la partie externe de cette surface s'élève un système de côtes latérales qui débutent par des pointes aiguës. Ces pointes se reproduisent à un ou à deux niveaux plus bas, de manière à former deux ou trois rangées parallèles. Chez quelques individus ces pointes se transforment en épines d'une très-grande longueur. Le côté opposé est dépourvu de pointes, ou du moins elles sont très-rares et n'apparaissent que sur le bord extérieur. Les côtes, au nombre de 40 environ chez les adultes, sont très-rapprochées, très-anguleuses et légèrement obliques par rapport à la ligne dorsale. Leur ensemble, divisé en dents très-aiguës sur le bord des valves, forme du côté interne une partie concave. Son crochet n'est point contourné. Fossette du ligament un peu oblique. Intérieur des valves ondulé et comme boursouflé dans toutes ses parties.

Cette espèce, lisse dans le premier âge, prend presque de suite la forme des adultes et varie très-peu ensuite dans sa longueur relative, dans l'axe qu'elle forme ; seulement chez les très-vieux, elle devient très-haute, sans que pour cela les côtes s'élargissent.

Assez voisine de l'*O. rectangularis*, elle s'en distingue facilement, à tous les âges, par son ensemble plus comprimé, par sa valve dorsale plus étroite, plus creusée, plus ondulée sans former des côtes, par les pointes que présente le côté externe de cette partie, la saillie des côtes, par ses

côtes du double plus nombreuses et pourvues d'épines de
distance en distance, par la coupe convexe en dehors, et
concave en dedans qu'affectent les valves, enfin par l'intérieur des valves ondulé, au lieu d'être lisse. Plus voisine
encore de la *Ricordeana*, elle s'en distingue par l'étroitesse
de ses valves, par ses côtes plus serrées, par le canal de
sa carène.

Cette espèce est spéciale à la division des grès verts cor-
respondants à nos étages carentonien et rothomagien, et
se trouve en France, à Rochefort, Soubise, Cognac,
Angoulême, Châteauneuf (Charente), au Mans, St-Calais
(Sarthe), à Villers, Cap-la-Hève, Rouen, Sougraignes
(Aude), Salazac (Gard), Cassis, Eoux, Mondragon (Pro-
vence), Seigneley, St-Sauveur, (Yonne). En Angleterre à
Chute Farne, près de Longhat. — Soutbourne (Sussex),
Lyme-Regis, Farringdon. En Allemagne, à Essen, Rhur,
Erbostollen (Dresde). Welschhafa, Klein, Naundorf,
Tyssa, Dippoldiwalda; à Gussignies (Belgique). En Algé-
rie, à Tébessa, Batna, Sétif. En Portugal, à San Pedro.
En Espagne, au port de Cumillas. En Asie, à la cime du
Chagdag (Daghestan).

Pl. XLIX, fig. 3-5. Individu adulte du Havre. De notre
collection; fig. 6. Intérieur de valve; fig. 7, individu d'âge
moyen; fig. 8, 9, individus jeunes.

176. Ostrea Mermeti, H. Coquand. 1862.
Pl. 52, fig. 10-12.

1862. *O. Mermeti*, Coquand, Pal. Const., pl. 23, fig. 3-5.
1869 — — L. Lartet, Exp. Luynes, Paléontolog., pl. 7.
fig. 4, 5, 12, 13, 14.

Coquille exogyriforme, ovale, régulière et constante
dans sa forme, presque aussi haute que large. Valve supérieure légèrement bombée, à sommet contourné, ornée de
stries concentriques régulières et très-rapprochées. Valve
inférieure très-convexe, lisse, adhérente par le sommet;
crochet très-saillant, fortement recourbé et spiral.

Cette espèce, voisine à la fois des *O. Africana* et *columba*, se distingue de la première par sa forme épatée à la surface de la valve inférieure qui est lisse, et de la seconde, par son sommet plus dégagé, plus élevé, par ses contours anguleux.

J'ai découvert cette espèce au Col-de-Sfa, près de Biskr'a. Elle a été retrouvée à Tih, près du mont Sinaï, et par M. Lartet, en Palestine, à Aïn Musa, au pied du Mont Nebo, au N.-E. de la Mer Morte, à Arak Elmir, à Rajib, au pied des montagnes d'Adjiloun et à Wady Mojeb. Elle est carentonienne.

Pl. LII, fig. 10-12. Individu de l'Algérie, de ma collection.

177. Ostrea depressa, Coquand. 1869.

1801. *Gryphœa depressa*, Lamk., Système, p. 330.

Espèce probablement carentonienne.
Environs de Rochefort (Charente-Inférieure).

178. Ostrea conglomerata, Defrance. 1821.

1821. *O. conglomerata*, Def., Dict. Sc. nat., t. 22, p. 26.

Espèce carentonienne du Mans.

179. Ostrea Cenomana, H. Coquand. 1869.

1821. *Gryphœa Cenomqna*, Def., Dict. Sc. nat., t. 19, p. 557.

« Coquille très-irrégulière, à sommet souvent tronqué et recourbé en dessus et à valve supérieure retroussée sur les bords. Longueur : de 8 à 10 lignes. »

Etage carentonien du Mans.

180. Ostrea auriculata, Defrance 1832.

1832. *O. auriculata*, Def., Passy, Seine-Inf., p. 336.

Etage rothomagien — Rouen.

181. Ostrea pectinoides, DEFRANCE. 1832.

1832. *O. pectinoïdes*, Def., Passy, Seine-Inf., p. 336.

Etage rothomagien — Rouen.

182. Ostrea rothomagensis, DEFRANCE. 1832.

1832. *O. rothomagensis*, Def., Passy, Seine-Inf., p. 336.

Etage rothomagien — Rouen.

Ces trois dernières espèces ne nous sont connues que par les indications de M. Passy.

183. Ostrea Eumenides, COQUAND. 1869.

Pl. 46, fig. 10-12.

Coquille ostréiforme, inéquivalve. Valve inférieure convexe, adhérente par le sommet, ornée de côtes longitudinales, assez régulières, se dichotomant à mesure qu'elles se rendent du sommet vers les bords. Crochet oblique, saillant. Valve supérieure très-concave, enfoncée, marquée de stries rugueuses d'accroissement.

Nous avons découvert cette curieuse espèce dans les couches gardonniennes des environs de St-André-de-Goudargues (Gard).

Pl. XLVI, fig. 10-12. Individu de notre collection.

184. Ostrea lignitarum, H. COQUAND. 1869.

Pl. 43, fig. 11-16.

Coquille ostréiforme, irrégulière, allongée. Valve inférieure légèrement convexe, plate dans son milieu, se relevant un peu sur les bords, formée de lames écailleuses imbriquées et feuilletées. Valve supérieure plate ou légèrement convexe, linguiforme, coupée presque carrément au sommet, qui est aigu dans la valve opposée, formée de lames très-rapprochées, très-régulièrement imbriquées et constituant une série de rides concentriques qui ne sont autre chose que les affleurements successifs des feuillets minces dont se compose la valve.

Nous avons découvert cette espèce dans les couches fluvio-marines de notre étage gardonien placé entre les bancs à *Pecten asper* et les bancs à *O. flabellata*, à Mondragon (Vaucluse) et à Saint-André, près Goudargues (Gard). Pl. XLIII, fig. 11-16. Individus de notre collection.

185. Ostrea Vardonensis, H. Coquand, 1869.

Pl. 43, fig, 1-10.

Coquille ostréiforme, irrégulière, allongée, épaisse, aiguë, très-inéquivalve, adhérente par la surface entière de la valve inférieure. Valve inférieure profonde, épaisse, allongée, formée d'un têt grossièrement lamelleux, analogue à celui de l'*O. crassissima*. Sommet aigu, proéminent, oblique. Valve supérieure plate et même légèrement concave, moins grande que l'autre, mais formée, comme elle, d'un têt écailleux. Jeune, cette espèce est de forme triangulaire, allongée et terminée par un crochet très-aigu. En vieillissant, les valves s'épaississent considérablement, se tordent et perdent leur régularité primitive. Chez quelques individus jeunes, on remarque sur la valve inférieure quelques côtes longitudinales qui finissent par disparaître plus tard.

L'*O. Vardonensis* forme des bancs épais de plus d'un mètre dans l'étage gardonien. Nous l'avons découverte à Mondragon (Vaucluse), à Saint-André et dans les environs de Carsan (Gard). Il est assez difficile d'en obtenir des exemplaires complets.

Pl. XLIII, fig. 1-4, individus adultes; fig. 5-10, individus jeunes de notre collection.

186. Ostrea Africana, H. Coquand. 1869.

Pl. 30, fig. 5-12 et pl. 55, fig. 10, 11 et 12.

1789. . . . . .Encyclop. Méthod., pl. 189, fig. 5, 6.
1801. *Gryphœa Africana*, Lamk., Système, p. 398.
1819.   —   *secunda*, Lamk., Anim. sans Vert., t. 6, p. 199.
1845.   —   *affinis*, Calcara, Conno sui Moll. viv. et fossili della Sicilia, p. 18, n° 53.

1852. *Ostrea cornu-arietis*, Coquand, Géol. Const., pl. 5, fig. 3, 4
        (non 1 et 2).
1852. *Exogyra densata*, Conrad, Deab See, pl. 18, fig. 102.
1862. *Ostrea Auressensis*, Coquand, Pal. Const., pl. 22, fig. 11, 12.
1864.   — *turtur*, Meneghini, Ost. cret., Sicil., pl. 4, fig. 2.
1867.   — *Matheroniana*, Fraas, Aus dem Orient, p. 86.
1869.   — *Africana*, Lartet, Exp. Luynes, Paléontol., pl. 8,
        fig. 1-6.

Coquille exogyriforme, ovale, allongée, arquée, régulière et constante dans sa forme générale. Valve supérieure plane ou légèrement bombée, à sommet contourné, formée de couches lamelleuses courtes, très-serrées et dessinant à la surface des sillons contigus qui s'élargissent un peu vers la région palléale, et qu'on dirait creusés au burin. Valve inférieure anguleuse, divisée en deux régions inégales par une espèce d'arête longitudinale, obtuse, ornée de plis rugueux et lamelleux. Crochet fortement recourbé et spiral, adhérent par son sommet qui porte une petite cicatrice. Chez les vieux individus le têt s'épaissit considérablement et l'on remarque sous le crochet une longue gouttière provenant de l'allongement de la fossette ligamentaire.

Cette espèce, qui nous avait été rapportée, en 1850, des confins de la Tunisie, où nous devions la revoir en place dix ans plus tard, et que faute d'un nombre assez considérable d'exemplaires, nous avions considérée comme un jeune individu de l'*O. cornu-arietis*, Goldf., s'en sépare nettement par sa taille toujours petite, sa forme plus allongée, par les plis très-serrés de la valve supérieure ainsi que par l'angulosité de la valve inférieure. Nous nous sommes assuré de la constance de ces caractères sur plus de 200 individus recueillis par nous.

Décrite par Lamark, en 1801, sous le nom de *Gryphœa Africana*, cette espèce a reçu du même auteur, en 1802 celui de *secunda*, les deux descriptions renvoyant, l'une et l'autre, aux mêmes figures de l'Encyclopédie. Elle a reçu, plus tard, les diverses qualifications indiquées dans la synonymie.

Cette espèce caractérise l'étage rothomagien et nous l'avons rapportée du Djebel Auress, de Ténoukla, de Batna, de Kenchela (Province de Constantine). M. Nicaise l'a rapportée du N.-E. de Djebel Guessa, dans les environs de Boghari (Prov. d'Alger), et M. Brossard de Drab-el-Hadjeji (Subdivision de Sétif). Nous avons eu dernièrement l'occation de la retrouver en Sicile à San Giovanello, près de Sillato ainsi qu'à Piombino, entre Caltavuturo et Polizzi, sur le flanc méridional de la chaîne des Madonies, et de comparer les échantillons que nous avons trouvés aux types de la *Gryphæa affinis* de Calcara qui proviennent des mêmes localités et qui sont déposés au musée de l'Université de Palerme. Depuis, M. Seguenza l'a retrouvée à Brancaléone, dans les Calabres. Elle existe également dans la Palestine, dans le Liban, à Tih, Wady Nagh el Bader (Sinaï), dans la vallée de l'Egarement appartenant à la chaîne Arabique (Egypte).

Pl. XXXIX. fig. 5-7, types de l'Auress; fig. 8, 9, de Sicile, fig. 10, 11, de l'Egypte; fig. 12. Valve d'un individu vieux. Pl. LV, fig. 10-12, type de Sétif. De notre collection.

187. Ostrea nummus, H. Coquand. 1869.
Pl. 44, fig. 10, 11, 12.

Coquille ostréiforme, ronde, presque plate, lisse, équivalve. Valve inférieure légèrement convexe, lisse, ou marquée de petites lames concentriques d'accroissement, interrompues de distance en distance et simulant des rugosités vermiculaires. Chez les vieux individus, la surface est raboteuse et bosselée. Sommet aigu, proéminent, oblique, dominant de chaque côté une expansion aliforme qui se poursuit sur le rebord de la coquille entière et la circonscrit ainsi dans une espèce de collerette qui se déjette un peu vers l'extérieur. Fossette ligamentaire triangulaire, peu profonde. Impression musculaire large, obronde, subcentrale. Au dessous et de chaque côté du sommet, on remarque quelques denticulations sur le rebord qui sépare les expansions aliformes de la place occupée par le mollusque pendant sa vie. Valve supérieure offrant les mêmes particularités que l'autre.

Cette espèce offre beaucoup de ressemblance avec l'*O. operculata* ; mais elle en diffère par sa double expansion aliforme, son sommet aigu dans les deux valves et les denticulations que l'on remarque au dessous du sommet.

Elle appartient à l'étage rothomagien et a été recueillie à Gussignies (Belgique), ainsi que dans les environs du Mans (Sarthe).

Pl. XLIV, fig. 10, 11, exemplaire provenant de Gussignies. Fig. 12, exemplaire de la collection de l'Ecole des Mines, provenant du Mans.

188. Ostrea Sablieri, H. Coquand. 1869.
Pl. 42, fig. 12-15.

Coquille ostréiforme, subrhomboïdale, anguleuse. Valve inférieure élevée, portant une protubérance anguleuse sous forme de carène, qui part du sommet et se rend obliquement vers le pourtour où elle se termine par un angle très-saillant. Cette carène est marquée de plis irréguliers, épais et tranchants qui se dirigent obliquement vers l'extérieur de la coquille, où ils se terminent en dents de scie. Au dessous de cette carène, où la valve s'abaisse sensiblement et devient plus aplatie, se développe un nouveau système de côtes épaisses, dichotomes, tranchantes et ondulées transversalement, se terminant également en dents de scie. Crochet peu saillant, contourné et engagé dans l'expansion du labre. Valve supérieure plate ou très-légèrement bombée, ornée de côtes dichotomes qui se détachent du sommet et viennent s'anastomoser avec celles de la valve inférieure.

Cette espèce, qui, au premier coup d'œil, rappelle la forme de l'*O. diluviana*, s'en sépare par sa taille plus petite et surtout par la carène élevée de sa valve inférieure, ainsi que par le double système de ses côtes et la forme anguleuse de son pourtour.

Nous l'avons découverte dans l'étage rothomagien du vallon de San Peire, près le Pont-Saint-Esprit (Gard).

Pl. XLII, fig. 12-15, exemplaire de notre collection.

189. Ostrea Senaci, H. Coquand, 1862.
Pl. 48, fig. 6-7.

1862. *O. Senaci*, Coquand, Pal. Constantine, pl. 18, fig. 8-9.

Coquille ostréiforme, surborbiculaire, comprimée, sub-équivalve. Valve supérieure légèrement convexe, ornée de grosses côtes divergentes, qui partent du sommet et se dichotoment à mesure qu'elles gagnent la périphérie. Ces côtes, qui admettent entre elles des sillons profonds, sont irrégulières et remplies d'aspérités saillantes, imbriquées grossièrement. Valve inférieure à peu près semblable; crochets à peine saillants.

Cette espèce rapelle l'*O. Syphax* ; mais elle s'en distingue par sa petite taille, par ses côtes beaucoup plus rapprochées, divergentes, ainsi que par les aspérités écailleuses et tranchantes dont les côtes sont hérissées.

Nous l'avons découverte dans l'étage rothomagien de Ténoukla, près de Tébessa.

Pl. XLVIII, fig. 6-7. Exemplaire de notre collection.

190. Ostrea Syphax, H. Coquand. 1852.
Pl. 55, fig. 13; pl. 56, fig. 1-5; pl. 58.

1852. *Ostrea Syphax*, Coquand, Géologie Constantine, pl. 4.
1862. — Coquand, Pal. Constantine, pl. 10, fig. 1-4.

Coquille ostréiforme et exogyriforme à l'état jeune, sub-rhomboïdale, légèrement bombée, quelquefois très-épaisse, inéquilatérale, subéquivalve, s'élargissant vers la région des crochets, où elle se termine souvent par une expansion aliforme.

Les deux valves presque égales, épaisses, ornées de côtes semblablement disposées. Côtes anguleuses, naissant à une faible distance des crochets et se dirigeant vers le pourtour de la coquille, en se bifurquant à une certaine distance du sommet, chaque branche se bifurquant à son tour et offrant, à chaque période de bifurcation, des bourrelets calleux ou épineux, correspondant à une période d'accroissement. Intervalle des côtes profond, d'une largeur sensiblement égale à celle des côtes. Les individus adultes portent de fortes épines, surtout vers la région des oreillettes. Dans le jeune âge, le sommet est souvent contourné en spirale à la manière des Exogyres.

Cette remarquable espèce, qui varie beaucoup suivant les individus, caractérise l'étage rothomagien, et elle a été découverte par nous au vallon de Ténoukla, près de Tébessa, ainsi qu'en Tunisie, chez les Ouled Frechis. M. Nicaise l'a recueillie au N-E. de Guessa. Depuis elle a été retrouvée en Sicile sur les contreforts septentrionaux des Madonies, à San Giovanello, près Sillato et à Piombino, entre Caltavuturo et Polizzi, où nous avons eu l'occasion de l'observer nous-même. M. Seguenza l'a reçue dernièrement de Boa et Brancaleone, dans la province de Reggio. Les exemplaires de ces diverses provenances sont tellement identiques par leurs ornements et leur couleur, qu'il serait impossible, sans indications précises, de distinguer les originaires d'Afrique de ceux d'Europe.

Pl. LV, fig. 1-4, individu adulte de Ténoukla; fig. 3, 5, individus jeunes. Pl. LVIII, fig.1, 2, 3, 4, 9, individus de Ténoukla ; fig. 5, individu jeune de Ténoukla; fig. 6, 7, variété à larges côtes de Ténoukla ; fig. LV, fig. 13, individu de Ténoukla.

191. Ostrea bracteola, ARCHIAC, 1847.

Pl. 50, fig. 11-13.

1847. *Ostrea bracteola*, Archiac, Mém. Soc. géol., t. 2, p. 312, pl. 16, fig. 7.

Coquille ostréiforme. Valve inférieure très-petite, linguiforme ou hémicylindrique. Bords latéraux presque parallèles. Surface marquée de stries d'accroissement irrégulières peu prononcées. Talon du crochet presque aussi large que la coquille. Sa surface triangulaire, allongée, est nettement limitée sur les côtés et munie d'une gouttière médiane profonde pour le ligament. Sur le côté antérieur du crochet, et contigu au bord du talon, se développe un appendice lamelleux en forme de bractée ou de spatule, renversé en dehors, se prolongeant en haut, quelquefois au delà du crochet, et en bas, le long du bord antérieur jusque vers la base. Cet appendice se développe aussi parfois aux dépens du talon, qui se trouve alors rétréci et presque réduit à la gouttière du ligament. Cavité intérieure de la valve se continuant sous la surface du ligament jusqu'à la pointe du crochet. Impression musculaire médiocre, placée vers le milieu de la hauteur et contre le bord. Valve supérieure rugueuse, bosselée, marquée de stries d'accroissement inégales. Hauteur, 7 millimètres; largeur, 2 1[4; épaisseur, 1 1[2.

Cette espèce, la plus petite du genre, ainsi que le fait observer M. d'Archiac, offre quelque ressemblance avec l'*O. canaliculata*; mais elle s'en distingue par sa forme plus étranglée et par l'absence des plis lamelleux qui ornent cette dernière.

Elle est spéciale à l'étage rothomagien et provient de Gussignies. M. Deshayes en possède une très-belle série.

Pl. L, fig. 11-13. Types de M. d'Archiac.

192. Ostrea Overwegi, H. Coquand. 1862.
Pl. 44, fig. 1-9; pl. 46, fig. 14-15.

1845. *Gryphæa plicata major*, Calcara, l. c., p. 18, fig. 55.
1845. *Gryphæa plicata minor*, Calcara, Moll. viv. et fossili della
Sicilia, p. 18, n. 54.
1852. *Exogyra Overwegi*, Buch, Monabsb., pl. 1, fig. 1 (non 2).
1862. *Ostrea* — Coquand, Pal. Const., pl. 19, fig. 1-6.
1864. *Ostrea cornu-arietis*, Menegh., Ostr. Sicil., pl. 4, fig. 1.

Coquille exogyriforme, adhérente par le sommet, très-variable dans sa forme. On y distingue les variétés suivantes :

Varietas costulata. Coquille arquée, épaisse, allongée. Valve inférieure couverte de côtes rayonnantes, rugueuses, espacées. Valve supérieure operculaire, ornée de plis concentriques réguliers et très-rapprochés.

Var. scabra. Valve inférieure recouverte de côtes irrégulières lamelleuses ou épineuses.

Var. rugosa. Valve inférieure réticulée : les côtes sont interrompues par des lames transversales.

Var. lævigata. Valve inférieure presque lisse, marquée de stries fines sur la région du crochet.

Cette espèce rappelle par sa forme générale l'*O. Fourneti*; mais elle s'en distingue par sa forme moins épaisse, moins globuleuse et plus dégagée, et surtout par les côtes qui ornent sa valve inférieure. Elle rappelle aussi l'*O. torosa*; mais celle-ci a la valve supérieure ornée de côtes, tandis qu'elle est lisse dans la première. Il serait plus facile de la confondre avec l'*O. Trigeri*, mais cette espèce, au lieu d'avoir la valve inférieure labourée par des côtes rayonnantes, est traversée par des plis concentriques feuilletés, terminés par des écailles imbriquées à la manière de l'*O. edulis.* Enfin elle diffère de l'*O. Olisoponensis*, avec laquelle elle présente beaucoup de ressemblance, par sa forme moins étalée et par l'absence de carène médiane sur la valve inférieure.

Cette remarquable espèce est rothomagienne et elle a été rencontrée la première fois en Sicile par Calcara. Overweg l'a ensuite rapportée de la Régence de Tripoli. Elle est très-abondante à Batna, à Ténoukla, à Kenchela, ainsi que dans la Tunisie, où nous avons eu l'occasion de la recueillir. M. Nicaise l'a retrouvée au N.-E. de Djebel Guessa, près de Boghari. MM. Péron et Brossard me l'ont communiquée de la subdivision de Sétif. On la cite en Palestine, à Wady Nagh el Bader et à Tih (environs du mont Sinaï).

En Sicile, elle se trouve à San Giovanello près Sillato et Piombino, entre Caltavuturo et Polizzi, où nous l'avons observée en place. M. Seguenza l'a recueillie dans la vallée de Lando, à Barcellona, près de Messine, et dans les Calabres de Reggio, à Boa et à San Lorenzo, près de Brancaleone. En France, elle existe à Moustier, dans les Basses-Alpes, et en Espagne, à Crevillen (Aragon).

Pl. XLIV, fig. 1-5, types de Ténoukla : fig. 6-9, jeunes individus de Ténoukla : pl. XVI, fig. 14, 15, types de Sicile.

193. Ostrea digitata, Geinitz. 1849.

Pl. 41, fig. 6-8

1817. *Chama digitata*, Sow., Min. conch., pl. 174, fig. 1 et 2.
1849. *Ostrea* — Geinitz, Quad., p. 204.
1849. *Gryphœa* — Brown, Illust., pl. 60, fig. 26.
1852. *Exogyra* — Giebel, Deutschl., p. 339.
1862. *Ostrea Coquandi*, Julien in Coquand, Pal. Constantine ,
pl. 33, fig. 10-12.
1868. — *digitata*, Briart et Cornet, Meule de Bracquegnies,
pl. 4, fig. 1, 2.

Coquille exogyriforme, très-inéquivalve, suborbiculaire, gibbeuse, épatée. Valve inférieure convexe, bombée, divisée en deux régions inégales par une arète médiane obtuse. De cette arète se détachent de grosses côtes espacées, flexueuses, armées de distance en distance d'épines saillantes, et se dichotomant à mesure qu'elles gagnent le pourtour, mais en conservant leur grand espacement. L'intervalle des côtes est orné de stries concentriques. Les côtes se prolongent à l'extérieur sous forme de dards aigus, ce qui lui a valu le nom qu'elle porte. Sommet recourbé et adhérent. Valve supérieure plate, ornée de stries très-fines. Crochet contourné.

Cette espèce offre beaucoup de ressemblance avec l'*O. laciniata*; mais elle s'en distingue par sa forme beaucoup plus épatée, plus régulièrement arrondie, par le grand espacement des côtes et la régularité de leurs dichotomies.

L'*O. digitata* est spéciale à l'étage rothomagien. Elle se trouve : en France, dans les environs de Salazac et du Pont-Saint-Esprit, dans le vallon de San Peire ; Bracquegnies (Belgique); en Angleterre, à Lyme Regis, à Long Comb Girths, près de Sidmouth ; en Allemagne, à Braunswitz, Bannewitz, près de Dresde , en Westphalie; en Algérie, à Ténoukla, près de Tébessa (prov. de Constantine).

Pl. XLI, fig. 6-8. Individus de Salazac. De notre collection.

194. Ostrea Delettrei, H. COQUAND, 1862.
Pl. 46, fig. 16-18; pl. 47, fig. 1-6; pl. 48, fig. 1-5.

1862. *O. Delettrei*, Coquand, Pal., Constantine, pl. 18, fig. 1-7.
1869. —   —   L. Lartet, Luynes, Paléontolog., pl. 8, fig. 8
         et 9.

Coquille ostréiforme, exogyriforme ou gryphoïde, libre, de forme et de taille variables. Valve supérieure plate ou légèrement bombée, ornée de lamelles saillantes, concentriques, plus ou moins espacées. Valve inférieure convexe, sillonnée par des plis lamelleux beaucoup plus saillants et plus raboteux que dans l'autre.

Cette remarquable espèce est un véritable Protée. Il faut avoir entre les mains une série aussi complète que celle que nous possédons et l'avoir recueillie soi-même pour pouvoir ramener à un type unique, à l'aide des passages les mieux ménagés, les individus variés dont elle se compose, et dont les extrêmes offrent, au premier coup-d'œil, des différences pour ainsi dire radicales. Nous donnons la caractéristique des principales formes sous lesquelles elle se présente le plus ordinairement.

A. *Variété exogyriforme*. — Coquille large, épatée, subtriangulaire. Crochets fortement contournés, séparés et distants. Elle offre quelque ressemblance avec l'*O. aquila*; mais elle est plus plate, et elle en diffère surtout par les lames foliacées et gauffrées dont ses deux valves sont couvertes.

B. *Variété gryphoïde*. — Le crochet de la valve inférieure est aigu et recourbé à la manière des Gryphées; de plus, la coquille prend une forme bien plus allongée.

C. *Variété ostréiforme*. — La coquille possède tout à fait la forme d'une Huître ordinaire, avec ses deux crochets égaux. Elle prend quelquefois un talon très-allongé, à la manière de l'*O. crassissima*.

L'*O. Delettrei* est spéciale à l'étage rothomagien. Nous l'avons découverte à Ténoukla, Kenchela, le Djebel Aurès

et à Batna (Prov.. de Constantine). M. Nicaise l'a retrouvée au N-E. du Djebel-Guessa. M. Péron à Bou-Saada.
M. Seguenza l'a recueillie à Brancaleone, en Calabre, et à
Barcelonna, en Sicile. M. Lartet l'a rapportée de la Palestine. On la cite également à Wady Nagh el Bader (Sinaï).

Pl. XLVI, fig. 16 et 17. Jeune individu exogyriforme ;
fig. 18, valve ostréiforme; pl. XLVII, fig. 1-6. Individus
ostréiformes ; pl. XLVIII, fig. 1-3. Variété gryphoïde ;
fig. 4, 5. Variété exogyriforme. Tous ces exemplaires proviennent de Ténoukla et de notre collection.

195. Ostrea haliotidea, ORBIGNY. 1846.

Pl. 50, fig. 8-10; pl. 52, fig. 14-17.

1813 *Chama haliotidea*, Sowerby, Min. conch., pl. 26 (non Lam.
1810).
1816.   —   —   Smith, Str. indent., fig. 7.
1834. *Exogyra haliotidea*, Golf., Petref., pl. 87, fig. 1.
1834. *Gryphœa*   —   Deshayes, Ed. de Lamarck, t. 7, p. 208.
1836.   —   *auricularis*, Deshayes, l. c., t. 7, p. 207.
1836.   —   *planospiritis*, Deshayes, l. c., t. 7, p. 208.
1837. *Chama haliotidea*, Hisinger, Lethæa, pl. 19, fig. 3.
1837. *Amphidonte haliotidea*, Pusch, Pol. Pal., p. 38.
1839. *Exogyra auricularis*, Geinitz, Char., p. 20.
1845. *Exogyra*   —   Reuss, Böhm. Kreid., pl. 27, fig. 5, 9, 10;
pl. 31, fig. 8, 9, 10.
1846. *Ostrea haliotidea*, Orb., Ter. crét., t. 3, pl. 478, fig. 1-4.
1846.   —   —   Geinitz, Grundriss, pl. 20, fig. 21.
1849. *Gryphœa* —   Brown, Illust, pl. 60, fig. 6-9.
1852.   —   —   Bronn., Leth., pl. 32.

Coquille exogyriforme, ovale, arquée, auriforme. Valve
supérieure plane, lisse ou à peine marquée de quelques lignes d'accroissement, bordée sur la région buccale par une
espèce de crête renforcée, plus ou moins carénée ou obtuse.
La valve inférieure fixée sur toute sa longueur est auriforme ; son bord buccal s'élève beaucoup, de manière à former une cloison oblique en dedans, excavée en dehors et
plus avancée et tranchante sur le bord inférieur. Le côté
opposé est mince et s'étend en lame horizontale. Le crochet se contourne sur lui-même en spirale, enveloppé par

le retour du bord. Impression musculaire interne et allongée.

Cette espèce varie un peu suivant les corps sur lesquels elle s'est fixée. Elle offre quelquefois des rides transverses à son bord supérieur externe, mais seulement dans le jeune âge.

Voisine, par sa forme auriculaire, de l'*O. Rauliniana*, elle s'en distingue nettement par sa valve supérieure non striée en dehors, par sa valve inférieure dont le bord est plus relevé, plus droit et caréné inférieurement, ainsi que par son crochet qui enveloppe le retour du labre.

L'*O. haliotidea* est spéciale à l'étage rothomagien.

Elle se trouve : en France, à Villers, Trouville (Calvados); au Havre, à Rouen ; à l'Isle-Madame, l'île d'Aix, au Mans et Saint-Calais, à La Malle (Var); à Seignelay (Yonne) et à Potrats. — En Angleterre, à Blakdown, Devon, Warminster, Sweden. — En Allemagne, à Dippoldiswalda, Plauen, Kauscha. — En Bohème, à Lobkowitz, Kutschlin, Hollubitz, Borzen, Koriczan.

Pl. L, fig. 8-9. Exemplaire du Havre; pl. LII, fig. 14, 15. Individus jeunes ; fig. 16, valve supérieure ; fig. 17. Individu strié. De notre collection.

196. Ostrea quercifolium, H. Coquand. 1869.

Pl. 51, fig. 5-8.

Coquille exogyriforme, ovale, allongée, auriforme. Valve supérieure plate ou légèrement convexe, divisée en deux régions inégales par une arête obtuse et souvent tranchante qui part du sommet et se rend à l'extrémité palléale. La région anale, qui est la plus grande, est plate ou légèrement bosselée et se termine par une très-large expansion aliforme, qui s'élève souvent jusqu'à la hauteur du sommet ; sa surface est rugueuse, couverte de plis irréguliers, ou plutôt de rugosités inégales, dirigées dans tous les sens, et ressemblant assez à du carton en pâte ou à certains lichens, ou même à une feuille morte de chêne. La région buccale est séparée brusquement de la première par l'arête dont nous avons parlé, et forme avec elle un angle presque droit. Elle est occupée dans toute son étendue par des plis anguleux, larges et tranchants, se terminant en dents de scie, à la manière de l'*O. Deshayesi*. Ces plis tendent à se conserver, mais faiblement accusés, vers la région palléale. Sommet recourbé sur lui-même et ne dépassant pas le plan de la valve. Intérieur légèrement bosselé ; impression musculaire très-large, oblongue, latérale.

Cette espèce, à cause de sa partie lisse et de sa partie costulée, rappelle les *O. Tisnei* et *diluviana* ; mais sa forme exogyriforme et auriforme, jointe à la minceur du têt, ainsi que l'arête tranchante qui sépare en deux la valve, suffisent pour l'en séparer complètement.

Elle est rothomagienne et elle provient du tourtia de Gussignies (Belgique).

Pl. LI, fig. 5-7, exemplaire de forme auriforme ; fig. 8, exemplaire de forme plus épatée. De notre collection et de celle de l'Ecole des Mines.

197. Ostrea Lesueuri, ORBIGNY. 1850.

Pl. 41 fig. 1-4.

1834.	—	*hippopodium*, Goldfuss, Petr. Germ., pl. 85, fig. 1.
1843.	—	— Orbigny. Ter. crét., t. 3., p. 1481, fig. 4-6 (non pl. 487).
1850.	—	*Lesueuri*, Orbigny, Prodr., t. 11, p. 171.
1852.	—	*Syriaca*, Conrad, Dead Sea, pl. 2, fig. 12.

Coquille ostréiforme, ovale, arrondie, très-irrégulière, très-déprimée, lisse ou marquée de quelques lignes concentriques d'accroissement. Valve supérieure plane ou légèrement convexe dans le jeune âge, à bords relevés tout autour dans l'âge adulte. Valve inférieure fixe sur presque toute la surface inférieure, à bords fortement relevés. Crochets aigus, Jeune, cette espèce est plane ou arrondie, ou un peu triangulaire, puis ses bords se relèvent circulairement. Elle est très-variable dans sa forme.

On l'a confondue avec les *O. biauriculata* et *vesicularis* ;

mais elle s'en distingue par sa valve plane en dessous et
relevée sur les bords. Il est bien plus difficile de la séparer
de l'*O. hippopodium*. Celle-ci, quand elle est jeune, ressemble beaucoup à l'*O. Lesueuri*; mais en vieillissant, elle
prend des proportions colossales et les bords de sa valve
inférieure forment une espèce de mur vertical, tandis que
la région des crochets manque complétement de saillie.

L'*O. hippopodium* a pour type des exemplaires recueillis
à Carlshamm, attachés à des *Spondylus truncatus* et des
Ostrea pectinata, espèces caractérisques des assises santoniennes. C'est dans la même position et en association avec
ces mêmes espèces qu'on la rencontre dans les Deux-Charentes, en Provence et en Algérie.

Goldfuss a donné le nom d'*hippodium*, en se rapportant
aux figures de Nilsson, à des Huîtres provenant des grès
vers d'Essen et de Ruhr en Vestphalie, et qui occupent
par conséquent le même niveau que l'*O. Lesueuri*. D'Orbigny en 1846, avait confondu sous le nom d'*hippopodium*, les
Huîtres de provenance rothomagienne et santonienne; mais
en 1850 il en a opéré le dédoublement, en nommant *O.
Lesueuri* les exemplaires du grès vert, et en conservant le
nom d'*hippopodium* à ceux provenant de la craie blanche.
Nous avons avons suivi son exemple, tout en ne nous dissi-
mulant par les difficultés que présente la séparation des deux
espèces, tant qu'on a pas entre les mains des individus
adultes.

L'*O. Lesueuri* est rothomagienne. Elle se trouve : en
France, dans l'Ile Madame, à Nancras (Charente-Infé-
rieure), au Havre, à Rouen; aux Drillons (Yonne). —
En Saxe, à Oberau, à Ruhr (Vestphalie). — En Syrie, à
Moukhtârah (Mont Liban), avec *O. Africana*.

Pl. XLI, fig. 1-4. Echantillons du Havre. De notre collection.

198. Ostrea pachyrhyncha, H. Coquand, 1869.
Pl. 59, fig. 1-3.

Coquille ostréiforme, linguiforme, arquée, aiguë. Valve
inférieure convexe, lisse, épaisse, formée de lamelles super-

posées, qui acquièrent une très-grande épaisseur sur le sommet. Crochet aigu, prenant un développement très-considérable, sous la forme d'un cuilleron saillant, sur lequel on aperçoit une fossette triangulaire qu'occupait le ligament. Cette saillie du crochet donne une grande profondeur à la valve inférieure, la seule qui soit connue.

Cette curieuse espèce, qui se distingue si facilement des autres Huîtres de la craie, provient des assises rothomagiennes (Tourtia) de Gussignies (Belgique).

Pl. LIX, fig. 1-3. Exemplaire de notre collection.

199. Ostrea Ricordeana, ORBIGNY, 1850.
Pl. 53, fig. 8-12

1850. *Ostrea Ricordeana*, Orb., Prod., t. 11, p. 171.
1822. — *carinata*, Sow., Min. conch., pl. 375 (non Lamk.)

Coquille ostréiforme, allongée, arquée. Valves très-comprimées et élevées, pourvues d'une expansion aliforme assez peu développée. Du milieu de la coquille se détache un système de côtes latérales, portant deux ou trois rangées d'épines, dont les externes acquièrent une très-grande longueur. Les côtes au nombre de 20 à 22 chez les adultes, sont écartées, anguleuses et légèrement obliques par rapport à la ligne dorsale.

Cette espèce offre tous les caractères de l'*O. carinata* ; elle n'en diffère que par sa forme plus trapue, et le plus grand écartement de ses côtes qui sont au nombre de 20 à 22, au de lieu 40, de sorte qu'on pourrait être fondé à ne la considérer que comme une simple variété de la première : mais comme ses caractères sont constants, il n'y a aucun inconvénient à la conserver comme espèce.

Elle est rothomagienne et se trouve à Saint-Sauveur, Ormois, Seigneley, Saint-Florentin (Yonne). Elle existe également en Angleterre, à Warminster. Les figures de l'*O. carinata* de Sowerby se rapportent entièrement à l'*O. Ricordeana*.

Pl. LIII, fig. 8-11. Exemplaires de l'Yonne; fig. 12, variété épineuse de l'Angleterre. De notre collection.

200. Ostrea Cameleo, H. Coquand. 1869.
Pl. 54, fig. 1-17.

Coquille ostréiforme, très-variable dans sa forme, de petite taille, adhérente par une partie, et quelquefois, par la totalité de la surface de sa valve inférieure, d'où des déformations très-considérables, ovale-oblongue, un peu oblique, un peu plus longue que large, rétrécie au talon, un peu élargie sur la région palléale, inéquivalve, à crochets obliques. Valve inférieure convexe, souvent gibbeuse, portant des côtes anguleuses, tranchantes, plus ou moins espacées qni se dichotoment dans leur trajet et se terminent en dents très-fortes, aiguës au pourtour. Valve supérieure plate, présentant les mêmes ornements que l'autre. Intérieur des valves lisse ; impression musculaire ovale, profonde, large chez quelques individus ; la valve se termine par une grande expansion aliforme qui se développe au dessous du crochet.

Cette espèce, qui rappelle certaines variétés de l'*O. Dessalinesi*, s'en distingue par sa grande irrégularité, par sa taille constamment petite, la gibbosité de sa valve inférieure et l'obliquité de ses crochets.

Elle a été découverte par M. Péron dans les couches rothomagiennes de Bou Saada (subdiv. de Sétif.)

Pl. LIV, fig. 1-12, 14 et 15. Individus normaux ; fig. 13, individu avec expansion aliforme ; fig. 16 et 17, individu à valves lisses, par effet d'adhérence. De la collection de M. Péron et de la nôtre.

201. Ostrea Saadensis, Péron. 1869.
Pl. 54, fig. 1-17.

Coquille ostréiforme, étroite, allongée, fragile, épaisse, subéquivalve. Valve inférieure gibbeuse, oblongue, portant des côtes flexueuses, anguleuses, plus ou moins écartées, tendant à la dichotomie et se terminant en dents très-fortes et tranchantes au pourtour. Valve supérieure un peu plus aplatie que l'autre, offrant le même système de côtes. Intérieur des valves lisse. Empreinte musculaire très-large, ovale, occupant presque toute la largeur de la valve. Sommet aigu ; fossette ligamantaire très-développée, triangulaire, striée en travers.

Cette espèce, par le développement prodigieux de son talon et la largeur de son empreinte musculaire, se sépare nettement de l'*O. Cameleo* avec laquelle elle se trouve associée.

Elle a été découverte dans les couches rothomagiennes de Bou Saada (Subd. de Sétif) et elle m'a été envoyée par M. Péron, sous le nom d'*O. Saadensis* que je lui conserve.

Pl. LIV, fig. 1-14. Individus complets ; fig. 15, 16, 17. Valves inférieures montrant, chez les vieux individus, le développement du talon ; de la collection de M. Péron et de la mienne.

203. **Ostrea conica**, ORBIGNY. 1846.

Pl. 53, fig. 1-7.

1789. . . . . .Encycl., méthod., pl. 689. fig. 5, 6.
1813. *Chama conica*, Sow., Min. Conc., pl. 26, fig. 3.
1813. — *recurvata*, Sow., Min. Conc., pl. 26, fig. 2.
1813. — *plicata*, Sow., Min. Conc., pl. 26, fig. 4.
1825. *Ostrea secunda*, Bronn, Systema, pl. 6, fig. 14 (non Lamk).
1829. *Exogyra conica*, Sow., Min. Conc., pl. 605, fig. 1-3.
1829. — *lævigata*, Sow., Min. Conc., pl. 605, fig. 4.
1834. — *conica*, Goldf., Petref., pl. 87, fig. 1. a, b.
1834. — *undata*, Goldf., Petref., pl. 86, fig. 10 (non Sow).
1834. — *subcarinata*, Münst. Goldf., Petref., pl. 85, fig. 4.
1836. *Gryphœa conica*, Desh., Edit. Lamk., t. 7, p. 210.
1837. *Amphidonte conica*, Pusch, Pol. Pal., p. 39.
1839. *Exogyra plicatula*, Gein., Char., p. 84 (non Lamk).
1839. — *aquila*, Gein, Char., p. 20. (non Goldf.).
1839. — *cornu-arietis*, Gein., Char., p. 20.
1841. — *conica*, Moxon, Illust., pl. 15, fig. 6.
1844. — *sinuata*, Archiac, Bull., t. 3, p. 336.
1846. *Ostrea conica*, Orb., Terr., Crét., t. 3, pl. 478, fig. 5-8 ; pl. 479, fig. 1-3.

1847. *Exogyra recurvata*, Archiac, Tourtia, p. 349.
1849. *Gryphœa* — Brown, Illust., pl. 60, fig. 4.
1849. *Exogyra conica*, Brown. Illust. pl, 60, fig. 3, 11-13.
1849. *Gryphœa lævigata*, Brown, Illust., pl. 60, fig. 17.
1850. *Exogyra auricularis*, Geinitz, Char., p. 20.
1863. — *recurvata*, Schafh., Lethæa, pl. 35, fig. 1.
1868. *Ostrea haliotidea*, Briart et Cornet, Meule de Bracquegnies, pl. 4, fig. 5, 6, 8.
1868. — *conica*, Briart et Cornet, 1, c, pl. 4, fig. 3 et 4.
1869. ....L. Lartet, Expéd. Luynes, Paléontol., pl. 7, fig. 8, 9.

Coquille exogyriforme, ovale, arquée, variable de forme dans le plus jeune âge, régulière dans l'âge adulte, marquée de stries concentriques d'accroissement. Valve supérieure plane, à sommet contourné, élevée sur la région buccale et striée plus fortement sur cette partie. Valve inférieure fixe sur une petite partie ; sommet spiral et latéral. Lorsqu'elle a vécu libre, elle est anguleuse et divisée en deux parties presque égales. Le plus souvent elle est lisse ; mais il arrive que, chez quelques individus, il existe des côtes obliques qui cessent ensuite.

Voisine par sa forme élevée et par son crochet de l'*O. Ratisbonensis*, elle s'en distingue facilement par sa valve inférieure, anguleuse, au lieu d'être arrondie et par ses lignes d'accroissement plus irrégulières.

Cette espèce est rothomagienne ; on la trouve : en France, à Rouen, le Havre, Villers (Calvados), St-Florentin (Yonne), La Malle (Var). — En Belgique, à Bracquegnies. — En Allemagne, à Essen, Quedlinbourg, Zloseyn, Malnitz, Drahomischel, Neuschlost, Burh. — En Sicile, à San Giovanello près Sillato. — En Espagne, à Llama-Oscura près Oviédo. — En Algérie, à Bou Saada, Eddis, route d'Aumale à Bou Saada. M. Lartet l'a rapportée d'Aïn Musa (Palestine).

Pl. LIII, fig. 1, 2. Individus adultes, de Villers ; fig. 3, 4, 5, 6, 7. Individus jeunes. De notre collection et de celle de l'Ecole des Mines.

203. Ostrea vesiculosa, Guéranger, 1853.
Pl. 59, fig. 4, 7.

1816. .... Smith, Strata ident., pl. 3, fig. 5, 6.
1823. *Gryphæa vesiculosa*, Sowerby, min. conch, t. 6, pl. 369.
1837. *Ostrea vesicularis*, Graves, Top. géogn. de l'Oise, p. 112.
1847. *Ostrea vasculum*, Archiac, Tourtia, pl. 16, fig. 5.
1849. *Gryphæa vesiculosa*, Brown, Illustr. pl. 61, fig. 8 et 9.
1853. *Ostrea vesiculosa*, Guéranger, Rép. pal. Sarthe, p. 30.
1868. — *columba*, Biart et Cornet, Moule de Bracquegnies, pl. 4, fig. 13-15.

Coquille ostréiforme, oblongue, presque rhomboïdale, profonde, très-inéquivalve, lisse, marquée de plis concentriques d'accroissement. Valve supérieure concave, mince. Valve inférieure très-convexe, épaisse, gibbeuse, légèrement arquée, oblique, subcarénée, à sommet aigu, proéminent, oblique, dominant une fossette ligamentaire allongée et triangulaire..

Cette espèce a beaucoup de ressemblance avec l'*O. vesicularis* avec laquelle beaucoup d'auteurs l'ont confondue et la confondent encore. Elle s'en sépare par une taille beaucoup plus petite, par son crochet aigu, presque exogyriforme, la longueur de sa fossette ligamentaire qui lui donne une forme étranglée, ainsi que par l'absence de la partie saillante et lobée que l'on remarque dans cette dernière.

Cette espèce, décrite en 1823, sous le nom de *Gryphæa vesiculosa* par Sowerby, qui avait très-bien su la distinguer, a été, à tort, synonymisée avec l'*O. vesicularis* par la plupart des auteurs. L'*O. vesiculum* de d'Archiac n'est que le jeune individu de l'espèce. Elle caractérise l'étage rothomagien et se trouve : En France, à Montgaudry (Sarthe), dans le département de l'Oise, à Seignelay (Yonne), à la Roche Servière, près de Tracy (Nièvre), à Réthel (Ardennes). — En Belgique, à Gussignies, à Bracquegnies.—En Angleterre, dans le greensand de Warminster (comté de Sussex), d'où proviennent les exemplaires qui sont le type de l'espèce, dans l'île de Wight, à Vilts, Dorset, Lyme-Regis, Homsey.— En Suisse, à Cheville — En Bohême, à Postelberg, à Bannewitz et Goppeln. —En Palestine, Syrie.

Pl. LIX, fig. 5, type de Sow. fig. 4, 6, 7, de la Sarthe.

204. Ostrea Larteti, H. Coquand, 1869.

Pl. 62, fig. 6, 7.

1869. *O. Mermeti,* (V. sulcata), L. Lartet, Expéd. Luynes, Paléontol., pl. 7, fig. 10, 11.

Coquille exogyriforme, très-inéquivalve. Valve supérieure concave, operculiforme, lisse dans sa partie centrale, marquée de stries serrées, concentriques, vers la région externe. Valve inférieure profonde, arquée, à sommet bien détaché, contourné sur lui-même, dominant une expansion aliforme bien développée, ornée sur toute sa surface de stries rayonnantes, se croisant avec les lignes ou les plis d'accroissement et donnant naissance à une structure treillissée.

Cette espèce ressemble à l'*O. Mermeti* ; mais elle s'en distingue par sa forme moins épatée, et surtout par l'expansion aliforme que l'on remarque sous le crochet.

Elle est rothomagienne et elle a été découverte par M. L. Lartet, à Aïn Musa (Palestine).

Pl. LXII, fig. 6, 7. Types de M. Lartet.

205. Ostrea Luynesi, L. Lartet, 1869.

Pl. 62. fig. 8, 9.

1869. *O. Luynesi,* L. Lartet, Expéd. Luynes Palestine, Paléontol., pl. 7, fig. 15, 16.

Coquille exogyriforme, ovale, allongée, arquée d'un côté, droite de l'autre. Valve supérieure ovale, légèrement concave, presque lisse, portant sur certains exemplaires de petites granulations allongées et disposées suivant des lignes rayonnantes. Bords lamelleux près du crochet, minces et tranchants du côté opposé. Valve inférieure bombée, légèrement carénée, marquée de stries d'accroissement irrégulières, peu accentuées. Crochet recourbé latéralement, portant l'empreinte des corps étrangers auxquels était fixée la coquille.

Cette espèce qui, par sa valve inférieure, se rapproche

à la fois de l'*O. Africana* et de l'*O. Mermeti*, se distingue facilement de ces deux Huîtres par sa valve supérieure lisse et bordée seulement de quelques lames dans la région apicale, tandis que dans les deux autres, cette valve est entièrement garnie de fortes lignes d'accroissement concentriques et serrées, qui correspondent à ses bords successifs. La valve inférieure est toujours plus lisse que celle de l'*O. Africana* et plus allongée que celle de l'*O. Mermeti*, et la valve supérieure porte des lignes rayonnantes qu'on ne remarque jamais dans ces dernières.

M. Lartet a découvert cette curieuse espèce dans les assises rothomagiennes d'Aïn Musa et de Wady Haïdan (Palestine).

Pl. LXII, fig. 8-9. Types de Lartet.

806. Ostrea rediviva. H. Coquand. 1869.

Pl. 42, fig. 8-11; pl. 54, fig. 18-30.

Coquille ostréiforme, linguiforme ou virguliforme, inéquivalve. Valve inférieure convexe, lisse ou marquée de faibles stries d'accroissement, se transformant en plis ondulés, mais peu saillants, vers la région palléale. Crochet adhérent par son sommet. Valve supérieure concave.

Cette espèce a beaucoup de ressemblance avec l'*O. Rouvillei*; mais elle s'en distingue par sa forme courbe, tendant à devenir triangulaire.

Elle appartient à l'étage rothomagien supérieur et a été découverte par nous à Saint-André, près Goudargues (Gard). M. Brossard l'a retrouvée dans la même position à Aïn M'rania (subdivision de Sétif), et M. Péron à Bou-Sâada.

Pl. XLII, fig. 8-11, individus du Gard. De notre collection. Pl. LIV, fig. 18-30. Individus d'Algérie, de tous les âges et de toutes les formes. De la collection de M. Péron et de la mienne.

207. Ostrea Arduennensis. ORBIGNY, 1846.
Pl. 60, fig. 5-12.

1841. *Exogyra auricularis*, Leymerie, Mém., t. 4, p. 321.
1846. *Ostrea Arduennensis*, Orb., Ter. crét., pl. 472, fig. 1-4.
1853. — — Pictet et Roux, Grès verts, pl. 47,
         fig. 6.
1864. *Exogyra* — Gabb, Synopsis, p. 121.

Coquille exogyriforme, régulièrement arquée, anguleuse. Valve supérieure de forme semi-lunaire, plane, ornée en dehors de plis longitudinaux. Valve inférieure assez convexe en dessous, divisée en deux parties presque égales par une saillie anguleuse, marquée de lignes d'accroissement. Quelques individus très-vieux portent une expansion aliforme.

Cette espèce est caractérisée par sa petite taille, par sa forme arquée et régulièrement anguleuse en dessous.

Elle est spéciale à l'étage albien. Elle se trouve à Drillons, Saint-Florentin, Versigny (Yonne); Grandpré, Novion, Machéroménil, Sauce-aux-Bois (Ardennes); Evry, le Gaty (Aube); Narcy (Haute-Marne); Morteau, Lods, Mouthiers (Doubs); Voiray (Haute-Saône); Not, Aubenton (Aisne); Cluses (Savoie); Perte du Rhône; Saxonet, Cheville (Suisse).

Pl. LX, fig. 5, 6, individus de Mouthiers; fig. 7, 8, individu de Mouthiers, de taille extraordinaire avec expansion aliforme, de notre collection; fig. 9, 10. Types de d'Orbigny; fig. 11, 12, moules intérieurs, de la Perte du Rhône.

208. Ostrea Milletiana. ORBIGNY. 1846.
Pl. 59, fig. 11-16.

1841. *O. subplicata*, Leymerie, Mém., Soc. géol., t. 4, p. 321.
1842. *O. diluviana*, Leymerie, Mém., Soc. géol., t. 5, p. 28.
1846. *Ostrea Milletiana*, Orbigny, Terr. crét., t. 3, pl. 472, fig.
         5-7.
1846. — *carinata*, Leymerie, St. géol. Aube , pl. 5, fig. 10
         (non *carinata* Lamarck).

1853. — *Milletiana*, Pictet et Roux, Grès verts, pl. 49, fig. 3.
1862. — — Chenu, Man. Conch., t. 2, p. 197, fig. 1002.
Pl. 59, fig. 8-10.

Coquille oblongue, arquée, presque aussi large que haute, d'une égale largeur partout, et pourvue d'une légère expansion des deux côtés de la région cardinale. Les deux valves sont également bombées en dehors, sans dépression aucune, et ornées de côtes qui partent alternativement de chaque côté de leur partie médiane, d'une manière irrégulière. Ces côtes sont au nombre de 10 à 16 chez les adultes, obliques, à angles obtus, fortement striées en travers et pourvues, de distance en distance, de pointes saillantes. Elles forment sur le bord des valves des dents longues et aiguës. Le crochet est un peu latéral ainsi que la fossette du ligament. L'intérieur des valves est légèrement boursouflé.

Cette espèce est parfaitement caractérisée par ses côtes anguleuses et formant sur les bords des valves des dents longues et aiguës et par sa largeur égale sur toute sa longueur.

Elle est spéciale à l'étage albien et se trouve à Saint-Florentin (Yonne); à Larriveur, près de Gérodot (Aube); à Rue-l'Archer, près Aubenton (Aisne); à Grandpré, Sauce-aux-Bois (Ardennes); à Clars (Var); à Epothemont (Aube); à la Perte du Rhône.

Pl. LIX, fig. 11, 12, 13, types de d'Orbigny; pl. 14, type de M. Pictet; fig. 15, 16, individu plus jeune, des Ardennes. De notre collection.

209. Ostrea Allobrogensis. PICTET et ROUX. 1853.
Pl. 59, fig. 8-10.

1853. *Ostrea Allobrogensis*, Pictet et Roux, Grès verts, pl. 49, fig. 1.

Coquille ostréiforme, épaisse, transverse, ovale, retrécie et anguleuse vers son sommet, élargie vers son milieu.

Valve supérieure inconnue. Valve inférieure profonde, anguleuse et carénée en dessous. De chaque côté de la carène, qui n'occupe que la partie postérieure du dos de cette valve, partent 7 ou 8 côtes, dont quelques-unes se bifurquent et même se trifurquent. Ces côtes, dont le nombre total est ainsi porté à 25 environ, sont arquées, pourvues de pointes épineuses, striées en travers et dirigées obliquement en avant et en dehors des deux côtés de l'arête dorsale ; à leur terminaison, elles forment des dentelures aiguës et fortes, longues sur le bord palléal, courtes partout ailleurs. Crochet droit et pointu. Empreinte musculaire ovale et saillante. Intérieur de la valve lisse, un peu boursoufflé.

Cette espèce se distingue de l'*O. Milletiana*, avec laquelle elle a des rapports d'ornements, par sa coquille très-épaisse, par sa forme très-convexe, dilatée dans le milieu et rétrécie vers le sommet, et par ses côtes quelquefois bifurquées, bien plus longues et ayant un point de départ différent.

Elle appartient à l'étage albien de la Perte du Rhône.

Pl. LIX, fig. 8-10; types de M. Pictet.

210. Ostrea Rauliniana, ORBIGNY. 1846.

Pl. 64, fig. 1-3.

1846. *Ostrea Rauliniana*, Orbigny, Ter. crét., pl. 471, fig. 1-3.
1852. — — Pictet et Roux, Gr. verts, pl. 50, fig. 1.
1861. *Exogyra* — Morris, Cat., p. 167.

Coquille exogyriforme, déprimée, arquée, auriforme. Valve supérieure plane et même excavée, marquée de stries concentriques, peu apparentes, son bord buccal est épaissi et pourvu de plis lamelleux qui en suivent le contour. Valve inférieure ornée de lignes d'accroissement, relevée à la région buccale, de manière à former un côté presque vertical s'unissant à la région anale par un contour arrondi. Les deux valves sont crénelées en dedans sur leur bord externe. Les crochets sont obtus et contournés en spirale.

Cette espèce diffère de l'*O. haliotidea* par sa forme plus

arquée, par l'absence de carène sur la valve inférieure et par son sommet situé en dehors du retour du labre. Elle diffère aussi de l'*O. conica*, par sa forme plus allongée.

L'*O. Rauliniana* est spéciale à l'étage albien et se trouve en France, à Grandpré, Sauce-aux-Bois, Chevrière (Ardennes); Sénéfontaine et Savignies (Oise); Velcourt (Haute-Marne); à la Perte du Rhône. En Angleterre, Folkestone.

Pl. LXI, fig. 1-3, types de d'Orbigny.

211. Ostrea Aquila ORBIGNY 1846.

Pl. 61, fig. 4-9,

1822. *Gryphœa sinuata*, Sow., Min. conch., pl. 336 (non Lam. 1819)
1829. — — Phillips, Yorks., pl. 11, fig. 23.
1834. *Exogyra aquila*, Goldfuss, Petref., pl. 87, fig. 3 (non Brongniart 1822).
1836. *Gryphœa aquila*, Deshayes, 2º Ed. Lam., t. 7, p. 210.
1837. *Amphidonte aquila*, Pusch, Pol. Pal., p. 38.
1840. *Exogyra propinqua*, Roëmer, in litt. (Teste Bronn.)
1840. — *undata*, Roëmer Nordd., Kreid., p. 47 (non Sow.)
1841. — *sinuata*, Leymerie, Mém., t. 5, pl. 12, fig. 1 et 2.
1841. — *sinuata*, Rômer, Nord. Kreid., p. 47.
1841. — *conica*, Cornuel, Mém., t. 4, p. 258. (non Sow.)
1842. — *auricularis*, Sauvage et Buvignier, Arden., p. 369.
1846. *Gryphœa aquila*, Longuemar, Yonne. pl. 3 fig. 7.
1845. — *conica*, Forbes, Catal., p. 250.
1846. *Exogyra sinuata*, Leymerie, Aube, pl. 6, fig. 1.
1846. *Ostrea aquila*, Orbigny, Ter. crét., pl. 470.
1847. *Gryphœa sinuata*, Mantell, Geol. Wight, pl. 1, fig. 1.
1847. *Gryphœa lœvigata*, Fitton, Quart. Journ., t. 3, nº 109.
1849. *Gryphœa aquila*, Brown, Illust., pl. 61*, pl. 17-19.
1849. — *sinuata*, Brown, Illust., pl. 60, fig. 5.
1851. — *Couloni*, Coquand et Bayle, Chili, pl. 7, fig. 1, 2.
1852. *Exogyra aquila*, Giebel, Deutsch., p. 332.
1852. — *Tombeckiana* Verneuil, Bull. t. 10, fig. 102.
1853. *Ostrea aquila*, Pictet et Roux, Grès verts, pl. 48.
1855. *Exogyra imbricata*, Krauss, Nova act. C, L, C, t. 22, p. 460, pl. 50, fig. 2 (non Lamarck 1819).
1858. *Ostrea Couloni*, Pictet et Renevier, Aptien, p. 138.
1858. — *conica*, Pictet et Ren., Aptien, pl. 20, fig. 1.
1865. *Exogyra lœvigata*, Coburg, p. 167.

Coquille exogyriforme, large, triangulaire, oblongue, arquée, très-épaisse, ornée, en dessus et en dessous, de rides lamelleuses, anguleuses dans le jeune âge seulement, arrondies dans l'âge adulte. Valve inférieure très-épaisse, profonde, quelquefois obtusément carénée , mais le plus souvent arrondie, jamais noduleuse. Valve supérieure plane, arrondie sur le labre. Crochets fortement contournés, quelquefois très-séparés et distants.

Jeune, cette espèce n'a jamais d'expansions aliformes ; elle est souvent un peu anguleuse sur la valve inférieure ; sur quelques individus, la portion anguleuse se montre à tous les âges ; mais le plus souvent, elle fait place à un labre arrondi et même comme tronqué ; suivant la manière dont elle est fixée, elle est très-déprimée ou très-épaisse.

Voisine de l'*O. Couloni* par sa forme, elle s'en distingue toujours, dans le jeune âge, par l'absence d'oreillettes, par sa forme moins anguleuse ; dans l'âge adulte, par le manque de nodosités et de côtes et par les stries d'accroissement non anguleuses.

Cette espèce est spéciale à l'étage urgo-aptien qu'elle occupe dans toute son épaisseur.

Elle se trouve aux Croûtes, Venoy, Chappes, la Vau-Crogny, Grandchamps (Aube); Vassy, Louvemont (Haute-Marne); Gargas, près Apt (Vaucluse), Sainte-Baume, Fondouille , la Bedoule (Basse-Provence) ; Orgon, Allauch (Urgonien) ; Orthèz, la Clape (Aude) ; Hautpoul (Hautes-Pyrénées) ; Flogny , Rouvray , Sougères , Perrigny , Gurgy , Hiry (Yonne); Grandpré, Chavières (Ardennes), Vervins, Landouzy, Eparcy, Cap-la-Hève, Trouville; Salazac (Gard). — Faringdon (Berkhire); dans le Speeton-Clay de Speeton (Yorkshire); Elligser Brinkes, près Alfeld, Court-at-Stret Sandgate (Ashford), Peasemarsh, Parham, Boughton, Atherfield (Angleterre); — Shandalahe, Schôppenstedt, Braunshweig, Wahlberg, (Allemangne);—Utrillat, Bell, Lahoz de la Vieja, Alcala de Chisvert, Godall, Uldecona, Tortosa, Villafranca del Cid, Meca, Fredas, Cueva del Vidrio, Cortès, Peña Golosa (Urgonien) (Espagne);—Djenjelli, Djebel Takremlt (Sétif), N. de Bérouguia, N. de Gueuzet (Algérie) — Las Palmas, Province de

Soccorro, Arquéros (Chili). River Sundary et Zwartkop River, Sud de l'Afrique, d'où elle a été rapportée par M. Krauss.

Pl. LXI, fig. 4, individu de la Clape ; fig. 5, individu adulte de Gargas ; fig. 6, 7, 8, 9, individus jeunes de Gargas. De notre collection.

213. Ostrea terebratuliformis, H. Coquand. 1869.
Pl. 75, fig. 18-21.

Espèce gryphoïde, de très-petite taille, constante dans sa forme et dans ses dimensions, subcirculaire, légèrement oblique, arrondie dans son pourtour, à têt mince et fragile. Valve inférieure profonde, concave, régulièrement arquée, couverte de stries fines, très-régulières et concentriques, à sommet court, peu saillant, aigu, oblique, submédian, légèrement recourbé sur lui-même à la manière des Gryphées et venant s'appuyer sur le milieu de la valve supérieure. Valve supérieure operculiforme, plane ou très-légèrement bombée, ornée des mêmes stries que l'autre, ornée, en outre, chez quelques individus, de stries rayonnantes très-fines, visibles seulement vers la région du sommet.

Cette espèce ressemble à une Térébratule déformée. Elle se distingue des O. *Tombeckiana* et *aquila* jeune, par l'absence de plis lamelleux sur la valve supérieure, l'existence de stries concentriques sur les deux valves, par sa forme arrondie, demi globuleuse et non anguleuse, et surtout par la direction de son crochet qui reproduit le type des Gryphées ou des Inocérames et l'écarte complètement de celui des Exogyres.

Cette élégante et singulière espèce a été découverte par MM. Roux, Coste, Gauthier, Le Mesle et nous dans les bancs les plus élevés de l'étage urgo-aptien (aptien) de Cassis (Bouches-du-Rhône).

Pl. LXXV, fig. 18, 19 20, individu de notre collection ; fig. 21, portion de la valve grossie pour indiquer les stries.

313. Ostrea Boussingaulti, Orbigny. 1846.

Pl. 64, fig. 4-20 ; pl. 65, fig. 7; pl. 74, fig. 16-20.

1842. *Exogyra subplicata*, Leymerie, Mém., t. 5, pl. 2, fig. 4-6
(non Desh 1824 ; non Römer 1839).
1842. — *Boussingaulti*, Orb., Foss. de Colombie, pl. 18,
fig. 20 ; pl. 20, fig. 8, 9.
1839. *Ostrea acuticostata*, Galeotti, Bullet. Acad. de Bruxelles, t. 7,
pl. 3, fig. 2.
1839. — *similis*, Gal., l. c. pl. 3, fig. 3 (non Pusch.).
1845. *Gryphœa harpa*, Forbes, Quart. Journ., pl. 3, fig. 12 (non
Goldfuss).
1845. — *subplicata*, Forbes, l. c., pl. 3, fig. 13.
1846. *Exogyra* — Leym., Aube, pl. 6, fig. 8.
1846. *Ostrea Boussingaulti*, Orb., Terr. Crét., t. 3, pl. 468, fig. 4-9
(non fig. 1-3).
1850. — *subsimilis*, Orb., Prod., t. 2, p. 257.
1852. — *Pellicoi*, Verneuil et Collomb, Bullet., Soc. Géol.
France, t. 10, pl. 3, fig. 14.
1853. — *harpa*, Pictet et Roux, Grès verts, pl. 49, fig. 14
(non Goldfuss).
1853. — *Gurgyacensis*, Cotteau, Yonne, p. 122.
1854. *Exogyra plicata*, Morris, Catal., p. 167.
1858. *Ostrea Boussingaulti*, Pictet et Renevier, Aptien, pl. 19,
fig. 5.
1862. *Exogyra Boussingaulti*, Chenu, Manuel Conchyliolog., t. 2,
p. 196, fig. 995.
1869. *Ostrea Boussingaulti*, de Loriol, Urgonien inf. du Landeron,
pl. 1, fig. 23 et pl. 2, fig. 1-4.

Coquille exogyriforme, inéquivalve, allongée, convexe.
Cette espèce ayant été créée d'après des fossiles recueillis
en Colombie, nous en reproduisons les types et la description
donnée par d'Orbigny. Valve inférieure convexe, échancrée
en dedans, convexe en dehors, subcarénée en dessus, marquée de chaque côté, de larges plis irréguliers, très-prononc-
cés jusqu'au sommet qui est contourné et forme près d'un
tour de spire ; valve supérieure plus carénée encore que la
valve inférieure, assez convexe et également plissée.

Cette description s'applique à l'espèce américaine qui
diffère de l'*O. Minos* par une taille plus allongée et par
l'absence des côtes sur la valve supérieure. La pl. 74 reproduit ce type ; mais les espèces européennes, quoique s'en

10

rapprochant plus ou moins, sont loin d'en posséder tous les caractères et conduisent, par des transitions insensibles, à des variétés qui ne rappellent plus que la forme générale. Les figures 4 et 5, de la pl. 64, en indiquent une qui s'en écarte le plus ; elle est complètement lisse, carénée extérieurement, fortement striée et plissée en travers ; le sommet seul a conservé les traces de côtes très-fines ; la région externe occupée ordinairement par les côtes est simplement lamelleuse ; l'impression musculaire est large, obronde et placée près du bord interne ; la fossette ligamantaire est triangulaire, très-longue et plissée en travers. Cette variété extrême n'est pas rare dans les assises rhodanniennes de l'Aragon et de l'Algérie, et nous en possédons une série bien assortie. Les fig. 6, 7, 8, 9, 10 et 11 représentent des individus costulés de l'Aragon.

Les exemplaires de petite taille sont sujets à des variations identiques et ont donné naissance à la création de deux espèces qui ne peuvent subsister. La première est la *Pellicoi* d'Espagne, que M. de Verneuil caractérise de la manière suivante :

« Coquille petite, très-inéquivalve et inéquilatérale. Valve inférieure très-bombée, ornée au milieu d'un pli large et arrondi et de trois ou quatre plis plus petits sur le côté postérieur. Le côté antérieur, plus abrupt, n'a qu'un seul pli. Crochet très-fortement recourbé. Valve supérieure très-petite, operculaire et lissse. »

La seconde provient de Gurgy, dans l'Yonne, et est ainsi décrite par M. Cotteau, qui lui a imposé le nom de *Gurgyacensis* :

« Espèce de petite taille, ovale, oblongue, un peu arquée. Valve inférieure renflée, carénée au milieu, ornée, près du sommet, de côtes rayonnantes fines, inégales, légèrement onduleuses et se croisant avec des plis d'accroissement. Côté buccal marqué, en outre, de quelques grosses côtes irrégulières. Crochet très-contourné. Valve supérieure plate, fragile, operculiforme. Cette espèce n'est peut-être qu'une variété de l'*O. harpa* ; elle nous a paru cependant s'en distinguer nettement par les côtes rayonnantes dont le sommet de sa valve inférieure est orné. »

M. Galeotti décrit de la manière suivante son *O. acuti-costata* :

« 7 à 9 côtes rayonnantes, partant du crochet; ces côtes sont distantes, aiguës, carénées, striées irrégulièrement en travers. Ces côtes, en parvenant au bord, le découpent en festons ou en crénelures correspondant au nombre des côtes. Le crochet est fortement contourné sur le côté postérieur. La valve supérieure presque operculiforme, très-aplatie et rugueuse. Son bord est crénelé. Les crénelures correspondent à celles de la valve opposée, mais moins prononcées. »

L'Ostrea similis, ainsi que le fait remarquer M. Galeotti lui-même, n'est qu'une variété de l'*acuticostata*.

Il serait facile de multiplier les espèces, si on prenait en considération toutes les variations de formes que l'*O. Boussingaulti* est susceptible de prendre. Toutefois, les variétés costulées seules, et elles sont comparativement très-rares, peuvent être confondues avec leurs analogues (*O. Minos* de l'étage néocomien).

Cette espèce est très-abondamment répandue dans les assises rhodaniennes de l'étage urgo-aptien, qu'elle caractérise pour ainsi dire; elle pénètre souvent dans les bancs à *Requienia ammonia* et est un des hôtes les plus fidèles des bancs à Ostracées.

On la trouve : en France, à St-Sauveur, Gurgy (Yonne); Wassy, dans l'Aube ; Fondouille, la Bedoule, la Sainte-Beaume (Provence); la Clape (Aude); Orthèz (Basses-Pyrénées); dans l'Ariège. En Espagne, à Josa, Obon, Arcaïne, Utrillas, Cortès, Bains de Segura, Lahoz de la Vieja, Parras de Martin, Aliaga, Castellotte, Uldecona, Alcala de Chisvert, Godall, Morella, Bell, Chert, Peña Golosa, Collado de San-Rafaël, Cueva del Salts, Villafranca del Cid, Riodova. — En Algérie, à Djenjelli, près Batna, à la Maison Forestière, Foum bou Taleb (subd. de Sétif).— En Amérique, à Sativa, plateau de Candinamarca, Cocota de Matanza, Rive droite de Rio-Sube (Prov. de Socorro) : Chipagnes (Santa-Fede); les Hierones, près de Carache (Venezuela). — Dans le Liban (Syrie).

Pl. LXV, fig. 7, individu gigantesque d'Orthez. Collection de la Sorbonne. Pl. LXIV, fig. 4, 5, individu lisse d'Espagne, de notre collection ; fig. 6, 7, 8, 9, 10, 11, individus costulés d'Espagne, de notre collection ; fig. 12, 13, individus jeunes à sommets striés de Josa, de notre collection ; fig. 14, 15, 16, individus de Gurgy, de la collection de M. Cotteau ; fig. 17, 18, variété allongée de Josa, de notre collection ; fig. 19, 20, *O. Pellicoi* de M. de Verneuil. Pl. LXXIV, fig. 16-18, individu de la Colombie, type de l'*O. Boussingaulti* ; fig. 19, 20, *O. Gurgyacensis*, de la collection de M. Cotteau.

814. Ostrea macroptera, Sowerby. 1824.
Pl. 72, fig. 1-4.

1824. *Ostrea macroptera*, Sow. Min. conch., pl. 478, fig. 3-5.
1836. — *retusa*, Sowerby in Fitton, Trans. Soc. géol. t. 4, pl. 14, fig. 4 (junior).
1841. — *colubrina*, Cornuel, Vassy, p. 258.
1841. — *prionata* Cornuel, Vassy, p. 258.
1845. — *carinata*, Forbes, Catal. Low. Green-Sand, p. 250.
1849. — *macroptera*, Brown, Illustr., pl. 58, fig. 12.
1869. — *rectangularis*, de Loriol, Landeron, pl. 1, fig. 20-22.
1859. — — Pillet, Aix Sav., pl. 5, fig. 3.

Coquille ostréiforme, arquée, falciforme, ramassée, assez large, relativement courte, comprimée, pourvue d'une aile large, auriculaire à la région anale, adhérente par une grande partie de sa surface. La partie supérieure des valves est plane ou légèrement bosselée ; mais il se développe sur son pourtour un système de côtes ou de plis forts, dentés, tranchants, qui deviennent de plus en plus réguliers et accusés à mesure que la coquille s'allonge ; aussi près du bord, où la valve devient arquée, elles se montrent profondément plissées et dentelées à leur pourtour. Crochets obliques. Impresion musculaire très-large et ovale. Fossette du ligament allongée, triangulaire et oblique.

Cette espèce a été confondue avec l'*O. rectangularis* ; mais celle-ci est plus allongée, moins élargie vers la région cardinale et ne possède pas l'expansion aliforme de la pre-

— 165 —

mière. On pourrait la confondre également avec certaines variétés courtes de l'*O. pectinata*, mais cette dernière a les côtes beaucoup plus rapprochées et partant d'une ligne médiane formant carène extérieure.

Elle est spéciale à l'étage urgo-aptien, surtout aux assises rhodaniennes. Elle se trouve : en France, à Saints, Fontenoy, Gy-l'Evêque, Monetcau, Auxerre, Villefargeau (Yonne) ; à Fondouille et Septèmes près de Marseille ; à Grand-Pré (Ardennes) ; à La Clape (Aude). En Angleterre, à Ather-field (Ile de Wight) ; Sandgate, Hythe, Faringdon, Berehead. En Suissse, à Mauremont, près Lassaras, la Russille, près Orbe, et à Landeron (Canton de Vaud), assises urgoniennes. En Allemagne, dans le Hills d'Elliger Brinck, dans le conglomérat de Schôppenstadt, de Schandelahe, de Valberg et d'Asse (Braunschweig). En Espagne, au Cap d'Albir, Collado de San-Rafaël, Utrillas, Mora, Sierra, Mariola, Siete Aguas, Cueva del Vidrio, Fredas. En Portugal, à Praia de Adrarga (près de Lisbonne). En Algérie, à Ain Halmon, à la Maison Forestière (subdivision de Sétif); à Djenjelli, Kenchela (subdivision de Batna).

Pl. LXXII, fig. 1, 2, types de Sowerby ; fig. 3, individu jeune ; fig. 4, individu de Septèmes (Moule intérieur), de notre collection.

215. Ostrea Tysiphone, H. Coquand. 1869.

Pl. 70, fig. 7-8.

Coquille ostréiforme, virguliforme, de petite taille, iné-quivalve, mince. Valve inférieure légèrement convexe, lisse à la partie supérieure, se terminant vers le bord pal-léal par des côtes épaisses, plates, peu profondes, mal ac-cusées, adhérente par le sommet, couverte de stries con-centriques d'accroissement. Sommets obliques, contigus.

Cette petite espèce, par ses côtes tardives et plates, se distingue des autres Huîtres de la craie. Elle appartient aux assises rhodaniennes de l'étage urgo-aptien et a été découverte par M. Marès à Marguet (prov. d'Alger).

Pl. LXX, fig. 7-8. Individu de la collection de M. Marès.

216. Ostrea Eos, H. Coquand. 1869.
Pl. 74, fig. 6-13.

Coquille ostréiforme, plicatuliforme, triangulaire, de petite taille, inéquivalve. Valve supérieure convexe, ornée de côtes écartées, aiguës, tranchantes, raboteuses, écartées et se bifurquant vers la périphérie; sommet aigu. Valve supérieure concave, enfoncée, lisse, un peu moins haute que l'autre.

Cette espèce, par ses côtes, rappelle, mais de loin, l'*O. Cerberus*; mais elle s'en sépare par sa forme triangulaire et sa petite taille.

Elle a été découverte par MM. Marès et Nicaise dans les assises rhodaniennes de l'étage urgo-aptien de Marguet (prov. d'Alger).

Pl. LXXIV, fig. 6-13. Individus de divers âges, de la collection de M. Marès et de la nôtre.

217. Ostrea Cerberus, H. Coquand. 1869.
Pl. 66, fig. 3, 4.

Coquille ostréiforme, épaisse. Valve inférieure convexe, gibbeuse vers le sommet, où l'on remarque une large cicatrice d'adhérence, ornée de huit côtes rayonnantes, irrégulières, aiguës, largement espacées, et séparées par un large sillon lisse, ou seulement marqué par des stries concentriques d'accroissement, lesquelles se montrent aussi sur les côtes et y déterminent des aspérités imbriquées. Sommet à peine indiqué.

Cette espèce a été découverte par M. Brossard dans les assises rhodaniennes d'Aïn Kherma (subdiv. de Sétif).

Pl. LXVI, fig. 3, 4, Individu de notre collection.

218. Ostrea Mauritanica, H. Coquand. 1869.
Pl. 75, fig. 12-15.

Coquille ostréiforme, irrégulière, de forme généralement
triangulaire, mince, inéquivalve, adhérente par le sommet.
Valve supérieure convexe, bosselée et tourmentée, formée
de lamelles irrégulières. A quelque distance du sommet,
on voit se former quelques côtes rares, mal définies, irrégulières, qui viennent se terminer à la périphérie sous
forme d'appendices, donnant à la coquille une apparence
frangée. Valve supérieure plate, bosselée, formée d'écailles
superposées, et reproduisant, mais moins accentuées vers le
pourtour, les côtes que l'on remarque sur la valve opposée.
Sommet aigu, lorsqu'il n'est pas déformé par la cicatrice
d'adhérence.

Cette espèce ne saurait être confondue ni avec l'*O. Cerberus* ni avec l'*O. Eos*. Elle diffère de la première par sa
forme triangulaire et sa structure foliacée, ainsi que par le
développement tardif de ses côtes, et de la seconde, par la
grandeur de sa taille et l'irrégularité de ses côtes.

Elle a été découverte par M. Brossard dans les assises
inférieures de l'étage urgo-aptien (urgonien), à Aïn Kerma
(subdiv. de Sétif).

Pl. LXXV, fig. 12-15. Individus de notre collection.

219. Ostrea Maresi, H. Coquand. 1869.
Pl. 66, fig. 5-7.

Coquille ostréiforme, subtétragonale ou arrondie, irrégulière, épaisse, lisse, inéquivalve, adhérente par la presque totalité de sa valve inférieure. Valve supérieure plane
ou légèrement bombée à son centre. Valve inférieure plate
dans sa portion adhérente, à bords relevés perpendiculairement vers la région palléale, formée de lames superposées, rugueuses, avec traces, chez les jeunes individus surtout, de quelques plis longitudinaux, simulant des côtes
irrégulières, mais peu saillantes et mal définies. Crochets

contigus, droits et médians. Impression musculaire subcentrale, large, arrondie.

Cette espèce offre des ressemblances si frappantes avec
certaines variétés de l'*O. hippopodium*, qu'il est très-difficile de les en séparer ; les différences qu'elle peut présenter
avec elle ne s'écartent pas des limites de variations entre
lesquelles se renferme l'espèce dans le genre *Ostrea*. Cependant l'espèce urgo-aptienne offre généralement une forme
plus acuminée et moins transverse que l'espèce santonienne.

Elle a été recueillie dans les assises rhodaniennes de
l'étage urgo-aptien, par M. Marès, à Tademit, à l'extrémité
N-NE. de la chaîne du Djebel Lazareg, près Laghouat,
ainsi qu'à Marguet, associée à l'*Echinospatagus granosus*,
par MM. Brossard et Péron, dans la même position, à Aïn
Melah (S. de Bou-Sâada) et à Tadmit (subdiv. de Sétif).

Pl. LXVI, fig. 5-7. Individu de Tademit. De la collection de M. Marès.

220. Ostrea Silenus, H. Coquand. 1865.
Pl. 69, fig. 6-8.

1865. *Ostrea Silenus*, Coquand, Monog. pal. de l'Etage aptien de
l'Espagne, pl. 28, fig. 6-8.

Coquille ostréiforme, linguiforme, peu épaisse, inéquivalve. Valve inférieure légèrement convexe, ornée de côtes
rayonnantes nombreuses, se croisant avec des stries d'accroissement, adhérente dans sa presque totalité. Sommet
aigu. Valve supérieure presque plane, lisse ; sommet moins
élevé que celui de la valve opposée. Bords tranchants.

Nous avons découvert cette espèce dans les assises les
plus inférieures de l'étage aptien, entre Morella et Chert,
province de Castellon de la Plana (Espagne).

Pl. LXIX, fig. 6, exemplaire vu par la valve inférieure ;
fig. 7, le même vu par la valve supérieure ; fig. 8, le même
vu de profil. De notre collection.

221. Ostrea pustulosa, Sharpe. 1849.
Pl. 73, fig. 12, 13.

1849. *Ostrea pustulosa*, Sharpe, Portugal, Quart. Journ. London,
t. 6, p. 24, fig. 4.

Coquille ostréiforme, irrégulière, ovale, transverse ou rhomboïdale. Valve inférieure gibbeuse, adhérente par le sommet; le reste de la valve irrégulier et couvert de grosses côtes gauffrées, pustuleuses, traversées par des plis écailleux. Sommet proéminent, surmontant une fossette ligamentaire triangulaire, allongée et terminé, sur la partie droite, par une expansion très-développée. Valve supérieure plate. Longueur : 2 1/4 à 3 pouces anglais ; largeur : 2 pouces.

Cette espèce offre de la ressemblance avec l'*O. pes-Elephantis*; seulement dans celle-ci les côtes sont moins serrées, moins pustuleuses; la valve supérieure, quoique plate, atteint presque le sommet de l'autre; de plus, elle est dépourvue de l'expansion gauffrée qui donne à la première sa forme rhomboïdale.

Elle appartient aux assises rhodaniennes de l'étage urgo-aptien et se trouve en abondance à Torres Vedras et à Sobal (Portugal).

Pl. LXXIII, fig. 12, 13. Type de Sharpe.

222. Ostrea prælonga, Sharpe. 1849.
Pl. 66, fig. 1, 2.

1849. *Ostrea prælonga*, Sharpe, Portugal, pl. 20, fig. 4.

Coquille ostréiforme, inéquivalve, allongée, de forme aplatie prise dans son ensemble, vivant par groupes, à rebords flexueux, adhérente par son sommet ou par un de ses côtés suivant toute sa longueur. Valve inférieure lisse ou bosselée par les lames concentriques d'accroissement ; sommet très-aigu; fossette ligamentaire triangulaire, allongée. Impression musculaire latérale, profonde, peu marquée. Valve supérieure plus courte que l'autre, plate, portant des plis concentriques grossiers.

Cette espèce offre quelque ressemblance avec l'*O. Pantagruelis* ; mais elle en diffère par sa forme plus effilée, aigüe au sommet, par sa taille moins grande, par sa valve supérieure sensiblement plus courte que l'autre, ainsi que par l'impression de son muscle d'attache qui est médiane, portée sur un cuilleron saillant dans la *Pantagruelis*, tandis qu'elle est profonde et latérale dans l'autre.

Elle appartient à l'étage aptien moyen (rhodanien) et a été découverte par M. Sharpe, à Praïa de Maçams, en Portugal, et recueillie par moi à Cabra (Aragon).

Pl. LXVI, fig. 1, type d'Espagne, de notre collection ; fig. 2, type de Sharpe.

223. Ostrea Polyphemus, H. Coquand. 1861.
Pl. 67, fig. 1-4; pl. 75, fig. 16, 17.

1865. *Ostrea Polyphemus*, Coquand, Monog. pal. de l'Aptien de l'Espagne, pl. 27, fig. 1-4.

Coquille ostréiforme, multiforme, inéquivalve. Jeune, elle a la valve inférieure convexe, bombée ou légèrement aplatie, et elle est ornée de côtes rayonnantes très-nombreuses, imbriquées, et se dichotomant à mesure qu'elles atteignent la région palléale. La valve supérieure est plate ou légèrement bombée, lisse, ne portant, de distance en distance, que des stries concentriques d'accroissement. Ces stries sont grossières. Les crochets sont aigus ou plats, suivant la position que le crochet prend sur les corps sousmarins auxquels il était attaché. Adulte, elle conserve la forme aiguë allongée, ou bien elle devient large, et les côtes rayonnantes qui ornent sa valve inférieure tendent à s'effacer, surtout vers le bord palléal.

Cette espèce est très-abondante, surtout dans l'aptien rhodanien; elle descend dans les calcaires à *Caprina Lonsdalïi*, mais elle n'accompagne pas ce fossile dans ses stations les plus inférieures.

Nous l'avons découverte à Utrillas, au milieu des lignites, à Las Parras de Martin, à Cabra, Obon, Arcaïne,

Oliete, Barabassa, Santolea, Aliaga (Aragon), ainsi qu'à Uldecona, Godall, près de Tortosa (royaume de Valence); dans la subdiv. de Sétif (Algérie).

Pl. LXVII, fig. 1, exemplaire adulte vu par la valve inférieure ; fig. 2 et 3, exemplaire de forme plus allongée; fig. 4, individu jeune. Pl. LXXV, fig. 16, 17, individu jeune de forme plus étroite. De notre collection.

224. Ostrea præcursor. H. Coquand. 1865.
Pl. 68, fig. 5 et 6.

1865. *Ostrea præcursor*, Coquand, Monog. pal. de l'Etage aptien de l'Espagne, pl. 26, fig. 5 et 6.

Coquille ostréiforme, subtriangulaire, arrondie vers la région palléale , subéquivalve, lisse, aiguë. Valve inférieure convexe, ornée de nombreux plis d'accroissement. Valve supérieure un peu moins bombée que l'autre, mais n'en différant que par ce caractère unique. Crochets aigus et contigus, un peu obliques.

Cette espèce, dont la forme rappelle celle de certaines Huîtres tertiaires, a été découverte par nous dans les assises rhodaniennes de l'étage aptien à Cabra et à Santolea (Aragon).

Pl. LXVIII, fig. 5, exemplaire vu de face ; fig. 6, le même, de profil. De notre collection.

225. Ostrea pes-Elephantis , H. Coquand. 1865.
Pl. 60, fig. 1, 2, 3 ; pl. 60, fig. 1-3.

1865. *Ostrea pes-Elephantis*, Coquand, Monog. pal. de l'Etage aptien de l'Espagne, pl. 28, fig. 1-3.

Coquille ostréiforme, épaisse, arrondie, très-inéquivalve. Valve inférieure très-bombée, ornée de grosses côtes rayonnantes, plates, mal limitées et traversées par des rides d'accroissement très-rapprochées, qui donnent à la surface une structure rugueuse et bosselée. Valve inférieure plate, ornée seulement de stries concentriques d'accroissement très-rapprochées. Crochet de la valve inférieure saillant, débordant. Crochet de la valve supérieure non apparent. La coquille était adhérente par le sommet.

Cette remarquable espèce, qui acquiert des dimensions considérables, a été découverte par nous dans la partie rhodanienne de l'étage aptien à Utrillas, Cabra, Arcaïne et Santolea (Aragon).

Pl. LX, fig. 1, 2, 3; pl. LXIX, fig. 1, 2, 3. Individus de divers âges. De notre collection.

226. Ostrea Pantagruelis, H. Coquand. 1865.

Pl. 68, fig. 1 et 2.

1865. *Ostrea Pantagruelis*, Coquand, Monog. paléont. de l'Aptien de l'Espagne, pl. 26, fig. 1 et 2.

Coquille ostréiforme, plate, allongée, étroite, subéquivalve, lisse. Valve inférieure plate, légèrement convexe, feuilletée et labourée de rides nombreuses; sommet légèrement tourné vers la région buccale. Au dessous du crochet on aperçoit un canal long et étroit qui rappelle complétement l'*O. crassisima*. Ce canal s'élargit vers le centre et circonscrit l'impression musculaire qui est très-large et très-longue. Valve supérieure plate, marquée de plis réguliers d'accroissement.

Cette curieuse espèce, que nous n'aurions pas hésité à considérer comme une variété de l'*O. crassisima*, si nous l'avions recueillie dans un étage miocène, forme des bancs de près d'un mètre de puissance au milieu de l'aptien lignitifère d'Utrillas (assises rhodaniennes). Nous l'avons également rencontrée à Gargallo, à Oliete et à Aliaga (Aragon); à Eddis (Bou-Sâada), dans la subdivision de Sétif (Algérie).

Pl. LXVIII, fig. 1, exemplaire complet, de grandeur naturelle; fig. 2, le même, montrant l'intérieur de la valve inférieure. De notre collection.

227. Ostrea Pasiphaë, H. Coquand. 1865.
Pl. 63, fig. 4-7.

1865. *Ostrea Pasiphaë*, Coquand, Aptien de l'Espagne, pl. 25, fig. 11 et 12.

Coquille ostréiforme, large, peu épaisse, subtriangulaire, lisse, équivalve. Valves marquées de lignes d'accroissement et présentant vers le milieu une large dépression qui les gauchit fortement, en dénivellant le plan de leur surface, de manière à faire décrire au pourtour de la région palléale une espèce de S très-allongée. Ce caractère suffit pour la distinguer des autres Huîtres de la craie.

Nous l'avons découverte dans les assises rhodaniennes de l'étage aptien, à Cabra et à Utrillas (Aragon).

Pl. LXIII, fig. 4-7. Individus de notre collection.

228. Ostrea Palæmon, H. Coquand. 1865.
Pl. 67, fig. 5-7.

1865. *Ostrea Palæmon*, Coquand, Monog, Pal. de l'Aptien de l'Espagne, pl. 27, fig. 5-7.

Coquille exogyriforme, inéquivalve. Valve iuférieure légèrement bombée, ornée sur la région anale de côtes rayonnantes, peu saillantes, écartées, qui vont en s'évanouissant à mesure qu'elles remontent vers le sommet. Valve supérieure plate, marquée, de distance en distance, de rides concentriques d'accroissement. Sommets tournés en dehors, peu saillants, celui de la valve inférieure adhérent.

Cette élégante espèce a été découverte par nous dans l'aptien (rhodanien), à Arcaïne, Obon, Cabra, Santolea et Utrillas (Aragon).

Pl. LXVII, fig. 5 et 6, individu adulte; fig. 7, jeune individu de notre collection.

229. Ostrea Cassandra, H. Coquand, 1865.
Pl. 68, fig. 3 et 4.

1865. *Ostrea Cassandra*, Coquand, Monog. paléont. de l'Etage aptien de l'Espagne, pl. 26, fig. 3 et 4.

Coquille exogyriforme, inéquivalve, adhérente. Valve inférieure bombée, ornée de sept à huit côtes rayonnantes, écartées, traversées par des rides concentriques d'accroissement. Valve inférieure enfoncée, lisse, marquée de stries fines. Crochets tournant en dehors, celui de la valve inférieure plus saillant que l'autre.

Cette espèce diffère de l'*O. Palæmon* jeune par ses crochets inégaux et surtout par ses côtes plus espacées, plus tranchantes, qui occupent la surface entière de la valve inférieure.

Nous l'avons découverte dans l'aptien rhodanien, à Santolea et à Cabra (Aragon).

Pl. LXVIII, fig. 3 et 4. Individu de grandeur naturelle. De notre collection.

230. Ostrea Callimorphe, H. Coquand. 1865.
Pl. 60, fig. 4. Pl. 69, fig. 4 et 5.

1865. *Ostrea Callimorphe*, Coquand, Monog. paléont. de l'Aption d'Espagne, pl. 28, fig. 4 et 5.

Coquille exogyriforme, inéquivalve; valve inférieure bombée, ornée de grosses côtes rayonnantes, peu flexueuses, épaisses, qui semblent s'arrêter au milieu de la coquille et ne pas en envahir le pourtour palléal, où l'on observe de gros plis concentriques d'accroissement. Valve supérieure enfoncée légèrement, offrant quelques gros plis transversaux, mais moins saillants que sur la valve opposée. Crochets peu saillants, contournés en dehors, presque égaux.

Cette espèce rappelle par ses gros plis quelques Huîtres de la craie supérieure, telles que les *O. Deshayesi* et *dichotoma*; mais son caractère d'Exogyre et sa forme bombée suffisent pour l'en distinguer facilement.

Elle a été découverte par nous dans l'aptien rhodanien de Cabra et d'Oliete (Aragon).

Pl. LX, fig. 4. Exemplaire de grande taille, vu par la valve inférieure. Pl. LXIX, fig. 4, 5, individu plus jeune; 4, valve inférieure; 5, valve supérieure. De notre collection.

231. Ostrea Aragonensis, H. Coquand. 1699.

Pl. 62, fig. 19-21.

Coquille ostréiforme, trapézoïdale, anguleuse, étalée, irrégulière, un peu plus large que haute, inéquivalve. Valve inférieure convexe, portant une carène anguleuse qui part du sommet et se rend diagonalement vers le pourtour, où elle se termine en un angle très-aigu. Cette carène consiste en un large pli noduleux qui tend à se dichotomer à son extrémité et est suivie, vers la région buccale, d'un second pli également noduleux, séparé du premier par un large sillon. Ces plis aboutissent au sommet à des côtes minces. Au dessous de la carène, vers la région anale, on observe un système de côtes plus rapprochées, régulières et égales, au nombre de 5 ou de 6, qui à leur tour se rendent à d'autres côtes plus petites. La surface entière de la valve est sillonnée par des plis concentriques d'accroissement, tendant sur divers point à se transformer en des lames écailleuses, et donnant naissance à une structure grossièrement treillissée. Sommet aigu, un peu oblique. Valve supérieure concave, lisse ou formée de lamelles concentriques, rapprochées; sommet aigu, n'atteignant pas le niveau de la valve opposée.

Nous avons découvert cette curieuse espèce dans les couches rhodaniennes de l'étage aptien, à Cabra, province de Teruel (Aragon).

Pl. LXII, fig. 19-21. Individu de notre collection.

232. Ostrea abrupta, Orbigny. 1847.

Pl. 63, fig. 1-3.

1847. *Ostrea abrupta*, Orbigny, Am. mérid., pl. 21, fig. 4-6.

Coquille ostréiforme, très-épaisse, élevée, triangulaire, plus longue que large, ornée en long de côtes très-saillantes, rayonnant du sommet vers le bord; ces côtes, très-carénées, sont séparées par des sillons profonds. Quelquefois elles ne sont pas interrompues; d'autres fois elles viennent former, vers le bord, soit une partie tronquée carrément, d'une manière abrupte, sur les deux valves, soit des espèces de gradins par étages. Les côtés sont excavés et laissent voir, vers le sommet, des indices d'oreilles.

Cette espèce a été découverte dans l'urgo-aptien inférieur (étage urgonien), dans la Nouvelle-Grenade, à Rio Capitanajo, l'un des affluents de la Magdalena, à Cacota de Matanza, à Rio Chicamocha et Chica (Prov. de Tonja).

Pl. LXIII, fig. 1-3. Type de d'Orbigny.

233. Ostrea polygona, ORBIGNY. 1850.
Pl. 70, fig. 1, 2.

1839. *Exogyra polygona*, Buch, Petr., pl. 11, fig. 18, 19.
1850. *Ostrea* — Orbigny, Prodrome, t. 11, p. 108.

Coquille exogyriforme. Elle ressemble un peu à l'*O. laciniata*; mais les impressions du bord inférieur ne sont pas très-profondes, et les côtes qui les bordent sont continuées jusqu'au commencement du crochet. La coquille ne présente donc pas une arête médiane très-prononcée, mais elle paraît plutôt partagée en différentes sections. Le côté vers lequel le crochet est retourné est néammoins, comme dans toutes les Exogyra, moins bombé que le côté opposé et un peu concave dans toute sa longueur. La coquille s'étend peu en largeur; elle est très-raboteuse à l'extérieur par des lames d'accroissement relevées, et ses crochets sont fortement recourbés en spirale, de manière que la fossette du ligament reste entièrement cachée.

Cette espèce a été découverte par Humboldt dans l'étage urgo-aptien inférieur de Montau (Amérique méridionale).

Pl. LXX, fig. 1, 2. Type de de Buch.

234. Ostrea falco, H. COQUAND. 1869.
Pl. 64, fig. 21-23; pl. 73, fig. 1, 2.

Coquille ostréiforme, arquée. Valve inférieure adhérente par le sommet, régulièrement convexe, couverte de côtes longitudinales, irrégulières, flexueuses, mal définies, se dichotomant de distance en distance, et se transformant chez quelques individus en plis écailleux. Aux points d'intersection avec les lignes d'accroissement, ces plis sont imbriqués et portent quelquefois des pointes obtuses ou aiguës. Sommet recourbé et peu saillant. Fossette ligamentaire triangulaire, allongée, logée dans un talon peu développé. Valve supérieure convexe, ornée de plis lamelleux très-rapprochés. Crochet recourbé et atteignant presque la hauteur et les dimensions de celui de la valve opposée.

Cette espèce rappelle, mais de loin, quelques variétés de l'*O. Overwegi*; mais elle s'en distingue par sa forme moins bombée, par ses côtes différemment distribuées, par la contiguité et par l'égalité de ses deux crochets, et surtout par sa forme ostréiforme.

Elle est spéciale à l'étage urgo-aptien inférieur (urgonien). Elle a été trouvée d'abord à Châtillon de Michaille (Ain) et à Orgon. MM. Péron et Brossard l'ont rencontrée ensuite dans la même position en Algérie, à Eddis et à Bou-Sâada (subdiv. de Sétif).

Pl. LXXIII, fig. 1, 2, individu d'Orgon. Pl. LXIV, fig. 21-23, individu d'Algérie. De notre collection et de celle de M. Péron.

235. Ostrea Urgonensis, ORBIGNY. 1850.

1850. *O. Urgonensis*, Orb., Prod., t. 2, p. 99.

Cette espèce ne nous est connue que par la phrase suivante transcrite dans le Prodrôme : « Ondulée comme l'*O. turonensis*, mais transverse et très-mince. »

Elle est citée dans l'urgonien d'Orgon et de Martigues (Bouches-du-Rhône).

236. Ostrea inoceramoïdes, ORBIGNY. 1842.

1842. *O. inoceramoïdes*, Colombie, p. 59, n° 40.

Cette espèce n'est ni figurée ni décrite.

Elle est urgonienne et elle est citée à Suata, province de Socorro (Nouvelle-Grenade).

11

287. Ostrea subsquammata, ORBIGNY. 1850.
Pl. 70, fig. 3-6.

1842. *Exogyra squammata*, Orbigny, Fossiles de Colombie, pl. 19,
fig. 12-15 (non Gmelin 1789).
1850. *Ostrea subsquammata*, Orbigny, Prodrôme, t. 2, p. 108.
1861. *Exogyra squammata*, Gabb., Synopsis, p. 123.

Coquille exogyriforme, très-inéquivalve, très-bombée.
Valve inférieure convexe, élevée, fortement contournée en
arrière en un crochet spiral assez détaché, lisse, ou seulement marquée de lignes d'accroissement très-faibles. Valve
supérieure ronde, operculaire, à peine un peu convexe,
pourvue de quelques lignes d'accroissement, et en outre,
de petites écailles imbriquées des plus régulières, qui forment, à la superficie, des lignes concentriques des plus
élégantes et en font une espèce des plus remarquables.

Par sa forme bombée et par ses valves inéquivalves,
cette espèce ressemble beaucoup à l'*O. Ratisbonensis*; mais
elle s'en distingue par sa forme moins dilatée, par le manque de sinus latéral, et surtout par les écailles dont se
forme sa valve supérieure.

Cette espèce provient de l'étage urgo-aptien inférieur
(sous-étage urgonien) de Rio Capitanajo, affluent du Rio
Suarez (province de Socorro), de Cacota de Matanza, de
Chita, Chicamucha (Nouvelle-Grenade).

Pl. LXX, fig. 3-5, type de d'Orbigny; fig. 6, portion
du test grossi.

288. Ostrea Rouxi, H. COQUAND. 1869.
Pl. 73, fig. 10-11.

Coquille ostréiforme, subtriangulaire, aiguë au sommet,
arrondie sur les bords, mince, lisse, adhérente par toute la
surface de sa valve inférieure.

Cette espèce ne nous est connue que par une seule valve
inférieure qui est légèrement excavée dans sa partie médiane, et par conséquent un peu gauchie dans sa surface.

Elle a été découverte par M. Roux, dans les assises ur-goniennes de Martigues (Bouches-du-Rhône).

Pl. LXXIII, fig. 10, valve inférieure vue de face; fig. 11, la même vue de profil. De notre collection.

239. Ostrea Leymerii, DESHAYES. 1842.
Pl. 70, fig. 14-17; pl. 71, fig. 6, 7.

1842. *Ostrea Leymerii*, Desh., Mém. Soc. géol., t. 5, pl. 13, fig. 4.
1846. — — Leymerie, Stat. géol., Aube, pl. 7, fig. 2.
1846. — — Orbigny, Terr. crét., t. 3, pl. 469.

Coquille ostréiforme, ovale, oblongue, un peu triangu-laire, mais variable dans sa forme. L'extrémité du côté des crochets est obtuse, toujours moins large que la région palléale, quelquefois oblique. Valve supérieure plane ou à peine convexe, marquée de rides et de plis lamelleux pro-noncés sur le bord. La valve inférieure, bien plus épaisse et plus profonde que l'autre, est souvent grossièrement cos-tulée, plus lamelleuse et toujours plus irrégulière. En de-dans, les deux valves ont le talon prolongé, oblique et très-large. Les côtés externes sont obliques et lamelleux. L'im-pression musculaire est courte. Jeune, cette espèce est ovale-oblongue, lisse, très-plate, adhérente par une grande partie de la surface de sa valve inférieure, tandis qu'en vieillissant elle atteint une très-grande épaisseur.

Cette espèce, avec une forme un peu plus oblongue, rap-pelle l'*O. edulis*, dont elle diffère cependant par les lames concentriques entières.

Elle caractérise l'étage urgo-aptien inférieur (marnes ostréennes de Cornuel). On la trouve :

En France, à Vassy, Saint-Dizier (Haute-Marne); à Percy, Ligny, Venouse, Montigny, Saints, Fontenoy, Leugny, Gy-l'Evêque, Auxerre, Moneteau, Flogny (Yonne); Grandpré (Ardennes); Wissant (Pas-de-Calais); La Clape (Aude); Orthèz (Basses-Pyrénées); Fondouille (Bouches-du-Rhône); Barrême (Basses-Alpes), dans les assises barrémiennes;

En Angleterre, à Atherfield (Ile de Wight);

En Espagne, Utrillas, Cabra, Josa, Obon, Aliaga (Aragon);

En Algérie, Djenjeli, Maison Forestière (subdivision de Sétif).

Pl. LXX, fig. 14, type de M. Leymerie; fig. 15, 16, 17, type de d'Orbigny. Pl. LXXI, fig. 6, exemplaire de très-grande taille de l'Yonne; fig. 7, individu jeune adhérent de l'Yonne. De la collection de M. Cotteau.

940. Ostrea Couloni, Orbigny, 1846.

Pl. 65, fig. 10. Pl. 71, fig. 8-10. Pl. 74, fig. 1-5. Pl. 75, fig. 1-6, 22.

1702. .... Scheuchzer, Lith. Helv., pl. 75, 76, 78, 79, 80.
1708. .... Langius, Lapid. Helv., pl. 1, 2, 3.
1718. .... Scheuchzer, Oryct. Helv., fig. 126.
1742. .... Bourguet, Petrif., pl. 14, fig. 85, 86 ; pl. 15, fig. 89, 90.
1829. *Gryphæa latissima*, Lamarck, Anim. sans vertèbres, t. 6, p. 109 (non Brocchi, 1814).
1819. *Gryphæa Couloni*, Defrance, Dict. t. 19, p. 534.
1821. — *Dumerilli*, Defrance, Dict. t. 19, p. 535.
1821. *Ostrea Jaderensis*, Defrance, Dict., t. 19.
1822. *Gryphæa aquila*, Brongniart, Paris, pl. 9, fig. 11, A, B (non C.) non Goldfuss.)
1837. *Gryphæa carinata*, Pusch, Pol. Pal. p. 34 (non Lamk).
1836. *Ostrea falciformis*, Römer, Nordd., Oolith., p. 59 (non Goldf.)
1842. *Exogyra subsinuata*, Leymerie, Mém., t. 5, pl. 12, fig. 3-7.
1841. — *conica*, Cornuel, Vassy, p, 258.
1842. — *Couloni*, Orbigny, Colombie, p. 58.
1847. *Ostrea Couloni*, Orbigny, Ter. crét., t. 3, pl. 466 et 467, fig. 1-3.
1846. *Exogyra subsinuata*, Leymerie, Aube, pl. 7, fig. 3-4.
1848. — *lævigata*, Brown, Index, pl. 485 (non Sow.)
1858. *Exogyra auricularis*, Raulin, Yonne, p. 486.
1859. *Ostrea Couloni*, Pillet, Aix-Savoie, p. 34, pl. 10, fig. 1.
1865. — *cornu-arietis*, Verst. Coburg, p. 166.
1865. — *lævigata*, Verst. Coburg, p. 166.

Coquille exogyriforme, très-variable suivant les individus et provenances. Valve supérieure plane ou même concave, oblique, triangulaire, arquée et acuminée sur la labre, lamelleuse sur la région buccale et ornée de plis d'accroissement prononcés qui forment comme des angles successifs, en suivant la configuration du labre. Son sommet est contourné. Valve inférieure très-épaisse, profonde, anguleuse, portant une espèce de carène médiane, obtuse, souvent noduleuse, qui part du sommet et s'arque pour aller rejoindre l'extrémité du labre. La partie interne de la carène, souvent concave et plissée dans le jeune âge, montre, près du crochet, une expansion latérale qui disparaît souvent ensuite. La partie externe, la plus grande, est plane, lisse, ondulée en travers ou même noueuse, et se termine souvent par une expansion aliforme. Le crochet est contourné obliquement et non saillant.

La forme décrite ci-dessus est l'état normal des individus de Vassy et celui des jeunes individus des autres lieux ; il arrive aussi souvent que les oreillettes latérales sont à peine marquées et manquent tout à fait, surtout chez les exemplaires de Vendeuvre, où la coquille s'arque beaucoup, reste presque constamment lisse et est généralement plus étroite. Une autre variété commune à Bettancourt-la-Ferrée, aux environs d'Auxerre, à Chambéry, ne conserve la forme typique que jusqu'au diamètre de 20 à 30 millimètres ; puis elle se déprime, se contourne fortement et se recouvre quelquefois de plis obliques et de nodosités. Enfin les individus d'Allauch et de Castellanne se rapprochent beaucoup de l'*Ostrea aquila.*

Assez voisine de l'*O. aquila* par la forme générale et par l'aspect, cette espèce s'en distingue dans le jeune âge par ses oreillettes, par sa forme triangulaire, et dans l'âge adulte, elle se reconnaît facilement par sa carène médiane anguleuse, par sa forme toujours amincie, par les nodosités et les plis de la valve inférieure, ainsi que par les plis anguleux de sa valve supérieure. L'*O. Couloni* est abondante dans l'étage néocomien. On la trouve en France : à Allauch, la Sainte-Beaume, Castellanne, Ginaservis, Gréoulx, les Lattes, (Provence) ; Ganges, (Hérault), St-Hyppolyte, Alais, (Gard) ; Soulaines, Magny, Fouchères,

Fouchard, Vendeuvre (Aude); Bettancourt, Baudrecourt (Haute-Marne); Auxerre, St-Sauveur, Bernouil, Gy-l'Evêque, (Yonne); Renaud-du-Mont, Russey, Morteau, (Doubs); Chambéry (Savoie; Hauterive, Sainte-Croix, (Suisse). Serra M'ta Grouret, Hadjar-Roum, Prov. d'Oran.

Pl. LXV, fig. 10, individu avec expansion aliforme, de l'Yonne. Collection de M. Cotteau. Pl. LXXI, fig. 8, individu de l'Yonne; fig. 9, 10, individu à forme étranglée de St-Sauveur (Yonne), de la collection de M. Cotteau. Pl. LXXIV, fig. 1, 2, individu à forme étroite et falciforme d'Auxerre, de notre collection; fig. 3, variété *aquilina* de l'Yonne; type de M. Leymerie; fig. 4, 5, individus jeunes de St-Sauveur, de la collection de M. Cotteau. Pl. LXXV, fig. 1, 2, individu de St-Sauveur, collection de M. Cotteau; fig. 3, variété à nodosités épineuses de l'Yonne, collection de M. Cotteau; fig. 4-6, type des Hautes-Alpes; fig. 22, jeune de l'Isère.

841 Ostrea Tombeckiana ORBIGNY, 1843.

Pl. 66. fig. 8, 12.

1843. *O. Tombeckiana*, Orb., Ter. crét., t. 3, pl. 667, fig. 4-6.

Coquille très-variable, élevée, formée d'une valve supérieure operculiforme, presque plane, néanmoins un peu relevée et anguleuse extérieurement, ornée de forts plis lamelleux concentriques, plus rapprochés sur les côtés. Sommet contourné en spirale. Valve inférieure auriforme, très-haute, avec son bord élevé, marquée seulement de quelques lignes d'accroissement vers son sommet qui est contourné sur lui-même.

Cette petite espèce nous paraît être le jeune de l'*O. Couloni*, de la même manière que l'*O. aquila* a aussi son *O. Tombeckiana*; mais, suivant d'Orbigny, elle est plus arrondie, plus haute, et les côtes lamelleuses de sa valve supérieure sont plus marquées. Ces caractères nous paraissent insuffisants.

Elle appartient à l'étage néocomien et se trouve : en France : à Bettancourt-la-Ferrée, à Vassy, Morteau, à Saints, Leugny, Gy-l'Evêque, Auxerre. Dans le Hanôvre, à Wissembracke, Elligser Brinkes, Shandelahe et Schôppenstedt.

Pl. LXVI, fig. 8-10, types de d'Orbigny ; fig. 11-12, individus de l'Yonne. De la collection de M. Cotteau.

242. Ostrea Autissiodorensis, COTTEAU. 1869.
Pl. 65, fig. 8, 9.

Coquille ostréiforme, subquadrangulaire, allongée, plate, subéquivalve. Valve inférieure adhérente par toute sa surface, lisse, formée de lamelles minces, plate, se relevant très-légèrement sur le pourtour. Valve supérieure légèrement convexe, mince, ornée de stries concentriques très-fines, régulières, et terminée vers le bord palléal par quelques plis écailleux. Il se détache du sommet une série de lignes rayonnantes, fines, espacées, qui se rendent jusqu'à la périphérie. Sommet oblique, peu saillant, placé près du bord droit qui est finement lamelleux, et se terminant sur le bord gauche par une expansion arrondie, très-developpée.

Cette élégante espèce a été découverte par M. Cotteau, qui l'a nommée *Autissiodorensis*, dans l'étage néoconien des environs d'Auxerre (Yonne). On ne saurait la confondre avec aucune autre Huître fossile.

Pl. LXV, fig. 8, individu vu de face par la valve supérieure ; fig. 9, la même, vue de profil. De la collection de M. Cotteau.

243. Ostrea Minos, H. COQUAND.
Pl. 64, fig. 1-3; pl. 73, fig. 4-8; pl. 74, fig. 14-15.

1846. *Ostrea Boussingaultii*, Orb., Terr. crét., pl. 468, fig. 1, 2, 3 (non 4, 5, 6, 7, 8, 9), non *O. Boussingaulti*, Orb., Colombie, 1842.

Coquille exogyriforme, épaisse, arquée, transverse , variable suivant l'âge et les localités. Valve inférieure profonde, très-relevée et traversée par une carène médiane qui lui donne une forme gibbeuse, ornée sur toute sa surface de nombreuses côtes, aiguës, plus ou moins flexueuses, simples au sommet et se dichotomant vers la périphérie, où elles se terminent en dents de scie, et devenant imbriquées, noduleuses ou subépineuses vers les points où elles sont interceptées par les lignes d'accroissement. Crochet très-contourné sur lui-même. Fossette ligamentaire terminale, très-allongée, triangulaire et plissée en travers. Valve supérieure operculiforme, un peu relevée, portant les mêmes côtes que la valve opposée, fortement lamelleuse du côté externe. Impressions musculaires grandes, submédianes, un peu plus rapprochées cependant du bord externe que de l'autre.

Cette espèce n'est ni l'*O. tuberculifera* ni l'*O. Boussingaulti* avec lesquelles on l'a constamment confondue. Elle se sépare de la première par sa grande taille, et surtout par l'existence d'une fossette ligamentaire allongée, et de la seconde par ses côtes plus nombreuses, plus serrées et l'existence de ces mêmes côtes sur la valve supérieure.

L'*O. Minos* a été trouvée dans l'étage néocomien à Bettancourt-la-Ferrée, Vassy, Bondrecourt (Haute-Marne); à Renaud-du-Mont, Russey (Doubs); à Auxerre, Saint-Sauveur (Yonne); à Allauch, près de Marseille; à Trigance (Var); à la Varappe et à Vaulion (Suisse).

Pl. LXXIII, fig. 4, 5, 6, 7, individu adulte renflé de Saint-Sauveur, de notre collection. Fig. 8, individu de Vaulion, de la collection de M. de Loriol. Pl. LXIV, fig. 1-3, type de d'Orbigny. Pl. LXXIV, fig. 14, exemplaire de forme plus allongée, valve inférieure; fig. 16, intérieur de valve inférieure, de l'Yonne et de la collection de M. Cotteau.

244. Ostrea Loriolis, H. Coquand. 1869.
Pl. 73, fig. 3 et 9.

1861. *O. Boussingaulti*, de Loriol, Salève, pl. 14, fig. 8, 9.

Coquille exogyriforme, fort irrégulière, épaisse. Valve inférieure profonde, couverte de grosses côtes longitudi-

nales régulières, rendues lamelleuses par les saillies des
lames d'accroissement, partant du sommet et se dichotomant à une certaine distance de leur point de départ, et
dont le bord interne est légèrement denté. La valve supérieure, à en juger par un fragment très-visible, adhérent à
un échantillon que nous avons sous les yeux, était operculaire, lisse, et marquée seulement de stries grossières d'accroissement.

Cette espèce, qui offre quelques ressemblances avec l'*O.
Boussingaulti*, s'en distingue par sa forme beaucoup plus
gibbeuse et plus effilée, par ses côtes régulières, épaisses,
qui recouvrent régulièrement toute la surface de la valve
inférieure, et surtout par l'absence de plis longitudinaux
sur la valve supérieure.

L'état de conservation de l'exemplaire que M. de Loriol
a bien voulu nous confier et qui a été figuré par cet auteur, ne permet pas de reproduire les détails de la valve supérieure ni ceux du sommet; mais il ne saurait exister des
doutes, à notre avis, sur la validité de l'espèce.

L'*O. Loriolis* a été découverte par M. de Loriol dans l'é-
tage néocomien de La Varappe (mont Salève, près de Ge-
nève).

Pl. LXXIII, fig. 3, type de M. de Loriol; fig. 9, individu de La Varappe. Collection de M. de Loriol.

245. **Ostrea Cotteaui**, H. Coquand. 1869.
Pl. 62, fig. 19-21.

Coquille ostréiforme, subtriangulaire, arquée, inéquivalve. Valve inférieure profonde, gibbeuse, adhérente par
son côté anal, ornée de côtes longitudinales, simples, espacées, au nombre de sept, élevées, tranchantes, devenant
épineuses, vers leurs points d'intersection avec les lignes
d'accroissement, et tendant à la dichotomie vers le bord
palléal. Bord externe dentelé. Sommet incliné, assez proéminent. Impression musculaire ovale, allongée, grande, latérale, rapprochée du sommet. Valve supérieure plus courte

que l'autre, plane ou même légèrement concave, bosselée, portant de nombreux plis concentriques devenant lamelleux et irréguliers vers le bord palléal.

Cette élégante espèce, qui rappelle l'*O. Cornuelis*, s'en distingue par ses côtes plus espacées, plus tranchantes et épineuses de distance en distance.

Elle appartient à l'étage néocomien et elle a été recueillie par M. Hébert, à Chaumont (Marne), et par M. Cotteau, à Saint-Sauveur (Yonne).

Pl. LXII, fig. 19-21, exemplaire de la collection de la Sorbonne.

246. Ostrea Cornuelis, H. Coquand. 1869.

Pl. 62, fig. 22-24.

Coquille ostréiforme, triangulaire, isocèle. Valve inférieure profonde, gibbeuse, adhérente par le sommet qui est très-aigu et un peu incliné, ornée sur toute sa surface de côtes nombreuses, régulières, se détachant du sommet et qui, à partir du milieu de la valve, se rendent vers les bords, en prenant une disposition flabelliforme, et en admettant, de distance en distance, dans leurs intervalles, de nouvelles côtes qui ne remontent pas jusqu'au sommet. Ces côtes sont tranchantes et deviennent épineuses et imbriquées dans les points où elles s'interceptent avec les lignes d'accroissement; elles tendent à s'effacer vers la région anale, où elles semblent subir une interruption. Intérieur de la valve lisse; impression musculaire assez large, latérale; la fossette du ligament constitue, au dessous du crochet, un plancher triangulaire, étendu, dont la forme rappelle une proue rostrée.

Cette jolie espèce ne saurait être confondue avec aucune autre. Elle a été découverte par M. Hébert dans l'étage néocomien de Chaumont (Marne).

Pl. LXII, fig. 22-24, exemplaire de la collection de la Sorbonne.

247. Ostrea rectangularis, RÖMER. 1839.

Pl. 72, fig. 5-11.

1702. .... Scheuchzer, Lith. Helv., p. 88.
1768. .... Knorr, Mertv. D., II, pl. 7.
1839. *Ostrea rectangularis*, Römer, Oolith., pl. 18, fig. 15.
1840. — *carinata*, Römer, Kreidd-Nordd., p. 45.
1841. — *colubrina*, Cornuel, Mém., t. 4, p. 258.
1841. — *prionata*, Cornuel, Mém., t. 4, p. 258.
1841. — *plicata*, Leymerie, Mém., t. 4, p. 342.
1846. — *macroptera*, Orb., Terr. crét., t. 3, pl. 465 (non So-
                  werby, 1824.
1853. — — Pictet, Tr. de Pal., pl. 85, fig. 8.
1861. — *rectangularis*, de Loriol, Salève, pl. 14, fig. 6, 7.
1868. — — Pictet, Mél. pal., pl. 40, fig. 9.

Coquille ostréiforme, étroite, allongée, arquée et souvent
repliée sur elle-même, équivalve. Région cardinale légèrement élargie. Partie médiane externe des valves rétrécie,
aplatie, légèrement creusée. Elles sont couvertes de fortes
côtes longitudinales, simples et quelquefois dichotomées,
qui s'écartent assez rapidement à droite et à gauche, se
courbent de chaque côté sous un angle droit et se prolongent sur toute la surface des valves, où elles prennent la
forme de gros plis généralement aigus, très-saillants, allant
en s'élargissant jusqu'au bord interne où ils forment une
série de denticulations très-aiguës. Intérieur des valves
lisse. Fossette du ligament très-allongée et étroite. Chez
les jeunes individus, les côtes sont munies de un ou deux
rangs d'épines.

L'*O. rectangularis*, que M. de Loriol a très-bien su séparer de la *macroptera*, s'en distingue par sa forme plus étroite
et bien plus allongée. Il est plus difficile de la séparer de
l'*O. carinata*; mais celle-ci a les côtes bien plus nombreuses
et plus serrées.

Cette espèce a été signalée dans l'étage néocomien du
mont Salève, de Sainte-Croix (Suisse); de Saint-Dizier,
d'Auxerre, de Marolles, de Gy-l'Evéque, de Fontenoy
(Yonne); de Thiffrain, Fouchères (Aube); d'Allauch, Ginaservis (Provence). En Hanovre, à Elligser Brink, à Schop-
penstedt. A Anouel, Djebel Fortas (prov. de Constantine).

Pl. LXXII, fig. 5, 6, 7, types de d'Orbigny; fig. 8, type de M. de Loriol, du mont Salève; fig. 9, individu de Ginaservis; fig. 10, individu d'Auxerre, de la collection de M. Cotteau; fig. 11, 12, types de Roemer.

248. Ostrea Exogyra, Dubois, 1837.

O. Exogyra, Dubois, Bull. Soc. Géol. t. 8, p. 385; Caucase, VI, p. 350 in tab.

Cette espèce, qui est rappelée par M. de Verneuil dans son mémoire géologique sur la Crimée, ne nous est connue que par de simples citations.

Etage néocomien de la Crimée.

249. Ostrea exogyroïdes, Römer, 1836.
Pl. 72, fig. 13-15.

1836. *O. exogyroïdes*, Römer, Nordd. Ool. pl. 3, fig. 4.

Coquille ostréiforme, de petite taille, ovale-allongée, oblique, ornée de plis concentriques lamello-rugueux; valve inférieure très-profonde, adhérente par le sommet, gibbeuse. Valve supérieure convexe, à sommet aigu.

Cette espèce provient des couches néocomiennes de d'Elligser Brinkes (Hanôvre.)

Pl. LXXII, fig. 13-15. Types de Roemer.

250. Ostrea neocomiensis, Orbigny, 1850.

1850. *O. neocomiensis*, Orb., Prod., t. 2, p. 84.

Cette espèce ne nous est connue que par la phrase suivante du prodrôme : « Grande espèce, ornée de trois ou quatre côtes ondulées, rayonnantes.

Etage néocomien de Nantua (Ain).

251. Ostrea disjuncta, de Buch, 1852.

1851. *Ostrea disjuncta*, de Buch, Deutschl. Geol. Zitschrift, pl. 2, fig. 2.

Cette espèce, qui nous est inconnue, et dont l'indication nous est fournie par le *Lethœa Rossica*, provient de l'étage néocomien de Choppa, dans le Daghestan.

252. Ostrea tuberculifera, H. Coquand. 1869.

Pl. 63, fig. 8, 9. Pl. 66, fig. 13, 14. Pl. 70, fig. 9-13.

1837. *Ostrea gregaria*, Koch et Dunker, Oolith, pl. 6, fig. 2 (non Sowerby 1815).
1837. *Exogyra tuberculifera*, Koch et Dunk., l. c., pl. 6, fig. 8.
1839. — *subplicata*, Röm., Oolith. (Suppl.), pl. 18, fig. 17 (non Deshayes 1824).
1839. — *spiralis*, Röm., Oolith. (Suppl.), pl. 18, fig. 18 (non Goldfuss. 1834).
1839. *Ostrea subcomplicata*, Röm., l. c., p. 24.
1840. *Exogyra harpa*, Röm., Kreid., p. 48 (non Goldf.).
1869. *Ostrea Boussingaulti*, de Loriol, Valeng. d'Arzier, pl. 3, fig. 14-16 (non Orbigny).

Coquille exogyriforme, très-variable suivant l'âge et les localités, ovale, très-transverse, étroite, arquée, de petite taille. Valve inférieure profonde, ordinairement très-élevée et fortement plissée du côté externe, les plis variant en nombre et en finesse. Valve supérieure operculiforme, un peu relevée, fortement lamelleuse et plus ou moins plissée du côté externe; sa face supérieure est souvent couverte de plis obliques et irréguliers. Crochets fortement contournés. Impression musculaire grande et presque médiane, un peu plus rapprochée cependant du bord externe que de l'autre. Il n'y a point de fossette ligamantaire proprement dite, mais on voit sur la valve supérieure une petite protubérance dentiforme qui correspond à une cavité de l'autre valve; une petite dépression tout auprès recevait le ligament.

Cette espèce, qu'on peut confondre très-facilement avec les *O. Minos* et *Boussingaultii*, avec lesquelles elles ont les plus grandes affinités, s'en sépare par l'absence de fossette ligamentaire cardinale et par sa taille plus petite. Ce premier caractère, signalé par M. de Loriol pour des individus d'Arzier, aidera à faire éviter la confusion qui a régné jusqu'ici dans le groupe des Huîtres rapportées à l'*O. Boussingaultii*.

Cette espèce a reçu en 1837 le nom de *tuberculifera* auquel il convient de revenir, bien que les figures qui la re-

présentent s'appliquent à un individu chez lequel l'adhérence
de la valve inférieure n'a pas permis à tous les caractères
habituels de se développer, et qu'il porte l'empreinte du
corps qui le supportait; mais on sait que cet état est com-
mun à toutes les coquilles adhérentes.

Elle est spéciale au terrain néocomien et elle a été signalée dans le valengien d'Arzier et de Ballaigues (Vaud), de
Ganges (Hérault), ainsi que dans le Hils d'Elligser, Schoep-
penstadt, Vahlberg et Schandelahe (Hanôvre).

Pl. LXIII, fig. 8-9. Individus de Ballaigues, collection
de M. de Loriol. Pl. LXVI, fig. 13, 14, type de M. de Lo-
r¡ol, d'Arzier. Pl. LXX, fig. 9, 10, *E. subplicata* de Roemer;
fig. 13, *E. spiralis* de Roemer; fig. 11, 12, *E. tuberculifera*
de Koch et Dunker.

253. Ostrea Ballaquensis, H. Coquand, 1869,

Pl. 75, fig. 7-11.

Coquille exogyriforme, chamæforme, de petite taille,
ayant le sommet tourné sur la droite. Valve inférieure
profonde, régulièrement convexe, lisse, marquée de quelques stries d'accroissement. Sommet débordant, très-élevé,
fortement recourbé sur lui-même, adhérent. Valve inférieure
operculiforme, subquadrangulaire, légèrement convexe,
beaucoup plus courte que l'autre et lamelleuse vers le
pourtour.

Cette espèce rappelle l'*O. Africana*; mais elle en diffère
par son crochet plus élevé, plus contourné sur lui-même,
par l'absence de plis lamelleux sur la valve supérieure et
surtout par son enroulement qui est dextre.

Elle a été découverte par M. de Loriol dans l'étage
valengien de Bellaigues, dans le canton de Vaud.

Pl. LXXV, fig. 7-9, individu avec ses deux valves; fig.
10, 11, autre individu avec une cicatrice large d'adhérence.
De la collection de M. de Loriol.

254. Ostrea Germaini, H. Coquand, 1869.

Pl. 66, fig. 14-16.

Coquille ostréiforme, subtriangulaire, oblique, peu épaisse, subéquivalve, se terminant par un appendice saillant à l'extrémité inférieure de la région buccale. Valve inférieure adhérente par une grande partie de sa surface, s'élevant vers la région palléale, à la manière de l'*O. hippopodium*, formée de plis lamelleux et même rugueux. Sommet aigu, légèrement débordant. Valve supérieure presque plate, lisse dans sa partie supérieure, bordée par des plis lamelleux vers la région anale et ornée dans sa partie centrale de stries radiées, irrégulières, peu indiquées, simulant des côtes mal ébauchées. Cette espèce, qui rappelle un peu la forme de l'*O. hippopodium* s'en distingue nettement par sa forme triangulaire, oblique et son sommet aigu.

Elle a été recueillie par M. Germain, à Comte, dans les environs de Russey (Jura). Elle appartient à l'étage valengien.

Pl. LXVI, fig. 14-16. Individu de la collection de M. Pictet.

255. Ostrea Renevieri, H. Coquand, 1869.

Pl. 63, fig. 10, 11, 12.

Coquille ostréiforme, triangulaire, légèrement oblique, aiguë au sommet, arrondie au pourtour, adhérente. Valve inférieure convexe, ornée de côtes nombreuses, divergentes épaisses, élevées, noduleuses, flexueuses, séparées par des sillons profonds, simples à leur point de départ, mais admettant, à mesure qu'elles se rendent vers le bord, de nouvelles côtes, au nombre de une ou deux, de manière à former des faisceaux séparés. Sommet peu développé, aigu.

Cette espèce, qui ne nous est connue que par la valve inférieure, se sépare par la disposition de ses côtes en faisceaux des autres Huîtres de la craie.

Elle a été découverte par M. de Loriol, dans l'étage valengien de Bellaigues (canton de Vaud).

Pl. LXIII, fig. 10-12. Individu de la collection de M. de Loriol.

Espèces d'Ostrea Crétacées incertaines.

256. Ostrea Munsteri, H. Coquand. 1859.

1869. *Exogyra Munsteri*, Hagenow, Jahrb., 1842, p. 549. — Geinitz, Quad., p. 204. — Giebel, Deutschl, p. 339.

Espèce campanienne de Maëstricht et de Rügen.

257. Ostrea ventilabrum, Dubois, Bull., 1837, t. 8, p. 385 (non Goldf.).

Cette espèce, qui fait probablement double emploi avec l'*O. semiplana*, est citée dans les assises santoniennes de la Crimée.

258. Exogyra Ritteri, Dubois, Caucase, t. 2, p. 373.

Espèce crétacée du Caucase.

259. Ostrea multiformis, Binkorst, 1859, Limbourg, p. 173 (non Kock et Dunker).

Craie campanienne du Limbourg.

260. Ostracites crista parasiticus, Schloth, Petref, p. 244.

Espèce santonienne d'Aix-la-Chapelle.

261. Ostracites subchamatus, Schoth., Petref., p. 236.

Espèce campanienne citée à Maëstricht et en Angleterre, et qui pourrait bien être l'*O. uncinella*.

262. Ostracites crista vaginatus, Schlotheim, Petref., p. 243.

Espèce campanienne de Maëstricht.

263. Ostrea intusradiata, Gümbel, 1861. Bayer. Alpengeb., p. 570.

Espèce Santonienne de Siegsdorf (Bavière).

264. Ostrea triangularis, Schlotheim, 1832. Systèm. Verzeiniss der Petrefact. Sammlung (non Wodw.).

Craie santonienne de Gerhden.

OSTREA à sortir du Terrrain Crétacé.

Ostrea elegantior, H. Coquand, 1862, Paléont., Constantine, p. 229, pl. 20, fig. 8-10.

Cette espèce est suessonienne et un individu jeune de l'*O. strictiplicata*, Raulin et Delbos.

Exogyra contorta, d'Archiac, Mém. soc. géol. de France, t. 2, pl. 12, fig. 12, *a, b.* (non Eichwald).

Cette espèce est du terrain tertiaire éocène.

Ostrea tortuosa, Morton, Crét., p. 52, pl. 10, fig. 1.

Espèce tertiaire du nord de l'Amérique.

Ostrea extensa, Eichwald, 1867, Lethæa Rossica, p. 372. — Rouillier, Bull. soc. nat. de Moscou, 1846, pl. E, fig. 9.

Espèce jurassique et non néocomienne, comme le pense M. Eichwald. Des environs de Moscou.

Espèces à sortir du Genre OSTREA.

Ostrea aviculoïdes. Coq. Voir *Vulsella Laroquei*.
Ostrea concentrica, Woodw. Voir *Vulsella Turonensis*.
Ostrea curvirostris, Schaf.   id.
Ostrea Gehrdensis, Römer.   id.
Ostrea Madelungi, Zittel.   id.
Ostrea Turonensis, Orb.   id.
Ostrea vulselloïdea, Coq.   id.
Ostrea Nilssoni, Hag. Voir *Plicatula plicatuloïdes*.
Ostrea pernoïdes, Coquand. Voir *Vulsella pernoïdes*.
Ostrea plicatuloïdes, Loym. Voir *Plicat. plicatuloïdes*.
Gryphæa forata, Passy. Voir *Anomia forata*.

Anomia forata, H. Coquand. 1869.

1832. *Gryphæa forata*, Passy, Seine-Inférieure, pl. 14, fig. 5, 6.

Espèce rothomagienne de Rouen.

Plicatula plicatuloïdes. H. Coquand. 1869.

Pl. 14, fig. 10-14 (sous le nom d'*Ostrea*).

1842. *Ostrea Nilssoni*, Hagenow, in Bronn's Jarhb., p. 546 (non Bronn, 1836).
1851. — *plicatuloïdes*, Leymerie, Mém., t. 4, pl. 9, fig. 17 (non Coquand, 1859).
1867. *Cyclostreon plicatuloïdes*, Eichwald, Lethæa Rossica, p. 407.

Cette espèce, décrite en 1842 par Hagenow, sous le nom d'*Ostrea Nilssoni*, d'après des échantillons recueillis à Ciply et à Maëstricht, et dont une belle série existe dans les collections de l'Ecole des mines, a été figurée plus tard sous celui de *plicatuloïdes* par M. Leymerie. En 1867, M. Eichwald a formé pour elle le nouveau genre *Cyclostreon*. Elle est campanienne et elle se trouve à Monléon, Ausseing et Gensac (Haute-Garonne); à Cypli, à Maëstricht, à Rügen et à Simféropol (Crimée).

Pl. XIV, fig. 10-14, types de M. Leymerie.

Vulsella Laroquei. H. Coquand. 1869.

Pl. 15, fig. 7-9 (sous le nom d'*Ostrea*).

1819. *Ostrea aviculoïdes*, Coquand, Bull. soc. géol., t. 16, pl. 1007.
— Charente, t. 2, p. 175. — Synopsis,
p. 11 (non Klipstein, 1843).

Cette espèce est campanienne et a été découverte par
nous à Salles, près de Cognac (Charente).

Vulsella pernoïdes. Munier-Chalmas. 1863.

1859. *Ostrea pernoides*, H. Coquand, Bull., t. 16, p. 960. — Charente, t. 2, p. 107. — Synopsis, p. 51.
1863. *Vulsella* — Munier-Chalmas, *Vulsellidæ*, Bull. soc.
Linn., de Normandie, t. 8, p. 13.

Cette espèce carentonienne a été découverte par nous
dans les argiles à l'*O. biauriculata* d'Angoulême.

Vusella Turonensis. Dujardin. 1837.

1833. *Ostrea concentrica*, Woodward, Norfolk, pl. 6, fig. 5 (non
Münster).
1837. *Vulsella Turonensis*, Dujard., Mém., t. 2, pl. 15, fig. 1.
1841. *Ostrea concentrica*, Moxon, Illustr., pl. 2, fig. 3 (non Müns
ter, 1840).
1841. — *Gehrdensis*, Römer, Kreid, pl. 8, fig. 1.
1846. — *Turonensis*, Orb., Terr. crét., pl. 479.
1860. — *vulselloidea*, Coquand, Synopsis, p. 73.
1863. — *curvirostris*, Schafhault, Lethæa, pl. 65 [b], fig. 11.
1863. *Vulsella Turonensis*, Munier-Chalmas, *Vulsellidæ*, Bull. soc.
Linn., de Normandie, pl. 5, fig. 3.
1863. — *trigona*, Schafh., Lethæa, pl. 36, fig. 5.
1863. — *falcata*, Schafh., Lethæa, pl. 36, fig. 6.
1866. *Ostrea Madelungi*, Zittel, Biv. Gosau, pl. 19, fig. 7.

Espèce santonienne. Tout-Blanc, Château-Bernard, La
Châtrie (Cognac); Lavalette, Saint-Paterne, Tours; Martigues (Provence); Sainte-Croix (Ariège); Gourd-de-l'Arche (Dordogne); Gosau (Allemagne). — Bavière. — Angleterre. — Algérie.

RÉCAPITULATION

Les Ostrea connues de la formation crétacée s'élèvent au nombre de 264 et se répartissent de la manière suivante au sein de ses divers étages :

CRAIE SUPÉRIEURE

1° Etage Garumnien.

1	Ostrea Garumnica, H. Coq.	3	Ostrea Verneuili, Leymerie.
2	Megœra, Orbigny.		

2° Etage Dordonien.

1	Ostrea Bomilcaris, H. Coq.	4	Ostrea Lameraciana, H. Coq.
2	Forgemolli, H. Coq.	5	Villei, H. Coquand.
3	Fourneti, H. Coq.		

3° Etage Campanien.

1	Ostrea Achates, Defrance.	19	Ostrea cortex, Conrad.
2	amorpha, Sowerby.	20	crenulimarginata, Gabb
3	anomiæformis, Röm.	21	crenulimargo, Röm.
4	arietina, Orbigny.	22	cretacea, Morton.
5	Aucapitainei, H. Coq.	23	cuculus, H. Coquand.
6	auricularis, Geinitz.	24	curvirostris, Nilsson.
7	Barrandei, H. Coq.	25	decussata, H. Coq.
8	bella, Conrad.	26	denticulifera, Conr.
9	bellarugosa, Shum.	27	Devillei, H. Coquand.
10	belliplicata, Shum.	28	dubia, Defrance.
11	Breweri, Gabb.	29	exilis, Defrance
12	Brossardi, H. Coq.	30	Ferdinandi, H. Coq.
13	Carentoniensis, Defr.	31	fragosa, H. Coquand.
14	Castellana, Defrance.	32	Franklini, H. Coq.
15	compressirostra Duc.	33	Gabbana, Meek et
16	confragosa, Conrad.		Hayden.
17	congesta, Conrad.	34	glabra, Meek et Hay.
18	conirostris, Münster.	35	Janus, H. Coquand.

36	Ostrea laciniata, Orbigny.	67	Ostrea Scaniensis, H. Coq.
37	lucifer, H. Coquand.	68	Sollieri, H. Coquand.
38	lugubris, Conrad.	69	squama, Defrance.
39	Lyoni, Shumard.	70	subfimbriata, H. Coq.
40	malleiformis, Gabb.	71	subinflata, Orbigny.
41	Matheronana, Orbig.	72	subovata, Shumard.
42	multiformis, Binkorst	73	subspatulata, Sow.
43	multilirata, Conrad.	74	subtrigonalis, Evans
44	Münsteri, H. Coq.		et Shumard.
45	Nicaisei H. Coquand.	75	tecticosta, Gabb.
46	Normanniana, Orbig.	76	tetragona, Bayle.
47	Numida, H. Coquand.	77	Texana, H. Coquand.
48	obscura, Defrance.	78	thirsæ, H. Coquand.
49	Oweana, Shumard.	79	torosa, Orbigny.
50	panda, Morton.	80	translucida, Meek et
51	pandæformis, Gabb.		Hayden.
52	parva, Defrance.	81	trinacria, H. Coq.
53	patina, Meek et Hay.	82	Tuomeyi, H. Coq.
54	peculiaris, Conrad.	83	uncinella, Leymerie.
55	pellucida, Defrance.	84	ungulata, H. Coq.
56	Pitcheri, H. Coquand.	85	variabilis, Defrance.
57	planovata, Shumard.	86	vesicularis, Lamarck.
58	plumosa, Morton.	87	villicata, Conrad.
59	Pomeli, H. Coquand.	88	vomer, Orbigny.
60	pristiphora, H. Coq.	89	Wasinghtoni, H. Coq.
61	Puschii, H. Coquand.	90	Wegmanniana, Orb.
62	quadriplicata, Shum.	91	Exogyra minima, Deshayes.
63	Rabelaisi, H. Coq.	92	Ostracites aquilinus, Schlot.
64	Reboudi, H. Coquand.	93	vaginatus, Schlot.
65	Renoui, H. Coquand.	94	mactroïdes, Schl.
66	robusta, Conrad.	95	subchamatus, Sch.

4° Etages Santonien et Coniacien.

1	Ostrea acanthonota, H. Coq.	13	Ostrea cyrtoma, Alth.
2	acutirostris, Nilsson.	14	dentata, Defrance.
3	Aristidis, H. Coq.	15	Deshayesi, H. Coq.
4	aurita, Reuss.	16	dichotoma, Bayle.
5	biconvexa, Eichwald.	17	fornix, Eichwald.
6	Boucheroni, H. Coq.	18	Geinitzii, H. Coq.
7	Bourgeoisi, H. Coq.	19	gibba, Reuss.
8	Bourguignati, H. Coq.	20	Heberti, H. Coquand.
9	Bradakensis, H. Coq.	21	hippopodium, Nilss.
10	Coniacensis, H. Coq.	22	intusradiata, Gümbel,
11	Costei, H. Coquand.	23	Karassoubazarensis,
12	curvidorsata, Geinitz.		H. Coquand.

24	Ostrea	Langloisi, H. Coq.	40	Ostrea	Ritteri, Dubois.
25		lateralis, Nilsson.	41		Rouvillei, H. Coq.
26		licheniformis, H. Coq.	42		Schafhaulti, H. Coq.
27		limæ, Geinitz.	43		semiplana, Sowerby.
28		Merceyi, H.Coquand.	44		serrata, Defrance.
29		microsoma, H. Coq.	45		sigmoïdea, Geinitz.
30		Naumani, Reuss.	46		squamula, Geinitz.
31		oxyrhyncha, H. Coq.	47		striato-costata,H.Coq.
32		Oppeli, H. Coquand.	48		striatula, Eichwald.
33		pectinata, Lamarck.	49		Trautscholdi, H. Coq.
34		Peroni, H. Coquand.	50		triangularis, Schlot.
35		Petrocoriensis,	51		trigoniæformis,
		H. Coquand.			H. Coquand.
36		plicifera, H. Coquand.	52		ventilabrum, Dubois
37		proboscidea, Archiac.			(non Goldf.).
38		Proteus, Reuss.	53	Ostracites	crista parasiticus,
39		reticulata, Geinitz.			Schlot.

CRAIE MOYENNE

1° Etage Provencien.

1	Ostrea	Biskarensis, H. Coq.	4	Ostrea	Mesloi, H. Coquand.
2		Caderensis, H. Coq.	5		Rhadamantus, Coq.
3		Dupuii, H. Coquand.	6		Tisnoi, H. Coquand.

2° Etage Angoumien.

1	Ostrea	Arnaudi, H. Coquand.	3	Ostrea	Rochebruni, H. Coq.
2		eburnea, H.Coquand,			

3° Etage Carentonien.

1	Ostrea	Baylei, H. Coquand.	12	Ostrea	flabellata, Orbigny.
2		biauriculata, Lam.	13		lingularis, Lamarck.
3		canaliculata, Defr.	14		Mermeti, H. Coquand.
4		carinata, Lamarck.	15		Olisoponensis, H. Coq.
5		Cenomana, H. Coq.	16		operculata, Reuss.
6		conglomerata, Def.	17		pes-draconis, H. Coq.
7		Daubrei, H. Coquand.	18		Ratisbonensis, H.Coq.
8		depressa, H. Coquand.	19		trapezoïdea, Geinitz.
9		Desori, H. Coquand.	20		Trigeri, H. Coquand.
10		Dessalinesi, H. Coq.	21		vultur, H. Coquand.
11		diluviana, Linné.			

4° Etage Gardonien.

1 OSTREA Eumenides, H. Coq.   3 OSTREA Vardonensis, H. Coq.
2   lignitarum, H. Coq.

5° Etage Rothomagien.

1	OSTREA Africana, H. Coquand.	13	OSTREA Overwegi, H. Coq.
2	auriculata, Defrance.	14	pachyrhyncha, Coq.
3	bracteola, Archiac.	15	pectinoïdes, Defrance.
4	Cameleo, H. Coquand.	16	quercifolium, H. Coq.
5	conica, Orbigny.	17	rediviva, H. Coquand.
6	Delettrei, H. Coq.	18	Ricordeana, Orbigny.
7	digitata, Geinitz.	19	rothomagensis, Defr.
8	haliotidea, Orbigny.	20	Saadensis, Péron.
9	Larteti, H. Coquand.	21	Sablieri, H. Coquand.
10	Lesueuri, Orbigny.	22	Senaci, H. Coquand.
11	Luynesi, Lartet.	23	Syphax, H. Coquand.
12	nummus, H. Coquand.	24	vesiculosa, Guér.

6° Etage Albien.

1 OSTREA Allobrogensis, Pictot   3 OSTREA Milletiana, Orbigny.
    et Roux.   4   Rauliniana, Orb.
2   Arduennensis, Orb.

CRAIE INFÉRIEURE

1° Etage Urgo-Aptien.

1	OSTREA abrupta, Orbigny.	16	OSTREA Pantagruelis, H. Coq.
2	aquila, Orbigny.	17	Pasiphaë, H. Coq.
3	Aragonensis, H. Coq.	18	pes-Elephantis, Coq.
4	Boussingaulti, Orb.	19	polygona, Orbigny.
5	Callimorphe, H. Coq.	20	Polyphemus, H. Coq.
6	Cassandra, H. Coq.	21	præcursor, H. Coq.
7	Cerberus, H. Coquand.	22	prælonga, Sharpe.
8	Eos, H. Coquand.	23	pustulosa, Sharpe.
9	falco, H. Coquand.	24	Rouxi, H. Coquand.
10	inoceramoïdes, Orb.	25	Silenus, H. Coquand.
11	Leymerii, Deshayes.	26	subsquamata, Orb.
12	macroptera, Sowerby.	27	terebratuliformis,
13	Maresi, H. Coquand.		H. Coquand.
14	Mauritanica, H. Coq.	28	Tysiphone, H. Coq.
15	Palæmon, H. Coq.	29	Urgonensis, Orbigny.

2° Etage Néocomien.

1 OSTREA Autissiodorensis, Cot.
2 Cornuelis, H. Coq.
3 Cotteaui, H. Coquand.
4 Couloni, Orbigny.
5 disjuncta, de Buch.
6 Exogyra, Dubois.
7 exogyroïdes, Römer.

8 OSTREA Loriolis, H. Coquand.
9 Minos, H. Coquand.
10 neocomiensis, Orb.
11 rectangularis, Römer.
12 Tombeckiana, H. Coq.
13 tuberculifera, H. Coq.

3° Etage Valengien.

1 OSTREA Bellaquensis, H. Coq.
2 Germaini, H. Coq.

3 OSTREA Renevieri, H. Coq.

Ces 264 espèces se répartissent, au point de vue géographique, de la manière suivante :

135 sont spéciales à l'Europe.

Etage Garumnien.

1 OSTREA Garumnica.
2 Megæra.

3 OSTREA Verneuili.

Etage Dordonien.

1 OSTREA Lameraciana.

Etage Campanien.

1 OSTREA Achates.
2 Castellana.
3 Carentoniensis.
4 cuculus.
5 Devillei.
6 dubia.
7 exilis.
8 multiformis.
9 Münsteri.
10 Normannianna.
11 obscura.
12 parva.
13 pellucida.
14 pristiphora.

15 OSTREA Puschii.
16 Rabelaisi.
17 Scaniensis.
18 squama.
19 subinflata.
20 trinacria.
21 uncinella.
22 variabilis.
23 Wegmanniana.
24 EXOGYRA minima.
25 OSTRACITES aquilimus.
26 crista-vaginatus.
27 mactroïdes.
28 subchamatus.

Etage Santonien.

Ostrea	Aristidis.	21 Ostrea	microsoma.
	aurita.	22	Naumanni.
	biconvexa.	23	Oppeli.
	Bourgeoisi.	24	oxyrhyncha.
	Bradakensis.	25	Oppeli.
	Coniacensis.	26	Petrocoriensis.
	Costei.	27	Proteus.
	curvidorsata.	28	reticulata.
	cyrtoma.	29	Ritteri.
	dentata.	30	Schafhaulti.
	fornix.	31	sigmoïdea.
	Geinitzi.	32	squamula
	gibba.	33	striato-costata.
	Heberti.	34	striatula.
	intusradiata.	35	Trautscholdi.
	Karassoubazarencis.	36	triangularis,
	licheniformis.	37	trigoniæformis
	lateralis.	38	ventilabrum.
	limæ.	39 Ostracites	crista-parasiticus.
	Merceyi.		

Etage Provencien.

1 Ostrea	Caderensis.	3 Ostrea	Meslei.
2	Dupuii.	4	Tisnei.

Etage Angoumien.

1 Ostrea	Arnaudi.	3 Ostrea	Rochebruni.
2	eburnea.		

Etage Carentonien.

1 Ostrea	Baylei.	8 Ostrea	Dessalinesi.
2	canaliculata.	9	lingularis.
3	Cenomana.	10	operculata.
4	conglomerata.	11	pes-Draconis.
5	Daubrei.	12	trapezoïdea.
6	depressa.	13	Trigeri.
7	Desori.	14	vultur.

Etage Gardonien.

1 Ostrea	Eumenides.	3 Ostrea	Vardonensis,
2	lignitarum.		

Etage Rothomagien.

1	Ostrea	auriculata.	6	Ostrea	pectinoïdes.
2		bracteola.	7		quercifolium.
3		haliotidea.	8		Ricordeana.
4		nummus.	9		Rothomagensis.
5		pachyrhyncha.	10		Sablieri.

Etage Albien.

1	Ostrea	Allobrogensis.	3	Ostrea	Milletiana.
2		Arduennensis.	4		Rauliniana.

Etage Urgo-Aptien.

1	Ostrea	Aragonensis.	8	Ostrea	præcursor.
2		Callimorphe.	9.		prælonga.
3		Cassandra.	10		pustulosa.
4		Palæmon.	11		Silenus.
5		Pasiphaë.	12		terebratuliformis.
6		Pantagruelis.	13		Urgonensis.
7		pes-Elephantis			

Etage Néocomien.

1	Ostrea	Autissiodorensis.	6	Ostrea	Loriolis.
2		Cornueli.	7		Minos.
3		Cotteaui.	8		neocomiensis.
4		Exogyra.	9		Tombeckiana.
5		exogyroïdes.	10		tuberculifera.

Etage Valengien.

1	Ostrea	Bellaquensis.	3	Ostrea	Renevieri.
2		Germaini.			

25 espèces sont spéciales à l'Afrique.

Etage Dordonien.

1	Ostrea	Bomilcaris.	3	Ostrea	Villei.
2		Forgemolli.			

Etage Campanien.

1	OSTREA	Aucapitainei.	6 OSTREA	Pomeli.
2		Brossardi.	7	Reboudi.
3		Janus.	8	Sollieri.
4		Nicaisei.	9	tetragona.
5		Numida.		

Etage Santonien.

1	OSTREA	acanthonota.	3 OSTREA	Peroni.
2		Langloisi.		

Etage Provencien.

1	OSTREA	Biskarensis.	2 OSTREA	Rhadamantus.

Etage Rothomagien.

1	OSTREA	Cameleo.	3 OSTREA	Senaci.
2		Saadensis.		

Etage Aptien.

1	OSTREA	Cerberus.	4 OSTREA	Mauritanica.
2		Eos.	5	Tysiphone.
3		Maresi.		

4 espèces sont spéciales à l'Asie.

Etage Campanien.

1 OSTREA lucifer.

Etage Rothomagien.

1 OSTREA	Larteti.	2 OSTREA	Luynesi.

Etage Néocomien,

1 OSTREA disjuncta,

51 espèces sont spéciales à l'Amérique.

Etage Campanien.

1	Ostrea amorpha.	25	Ostrea	multilirata.
2	anomiæformis.	26		Oweana.
3	arietina.	27		panda.
4	Barrandei.	28		pandæformis.
5	bella.	29		patina.
6	bellarugosa.	30		peculiaris.
7	belliplicata.	31		Pitcheri.
8	Breweri.	32		planovata.
9	compressirostra.	33		plumosa.
10	confragosa.	34		quadriplicata.
11	congesta.	35		robusta.
12	cortex.	36		subfimbriata.
13	crenulimarginata.	37		subovata.
14	crenulimargo.	38		subspatulata.
15	cretacea.	39		subtrigonalis.
16	denticulifera.	40		tecticosta.
17	Ferdinandi.	41		Texana.
18	fragosa.	42		thirsæ.
19	Franklini.	43		torosa.
20	Gabbana.	44		translucida.
21	glabra.	45		Tuomeyi.
22	lugubris.	46		villicata.
23	Lyoni.	47		Wasinghtoni.
24	malleiformis.			

Etage Urgo-Aptien.

1	Ostrea abrupta.	3	Ostrea	polygona.
2	inoceramoïdes.	4		subsquammata.

23 espèces sont communes à l'Europe et à l'Afrique.

Etage Dordonien.

1 Ostrea Fourneti.

Etage Campanien.

1	Ostrea conirostris.	4	Ostrea	Renoui.
2	decussata.	5		vomer.
3	Matheronana.			

Etage Santonien.

1	Ostrea acutirostris.	5	Ostrea plicifera.
2	Boucheroni.	6	proboscidea.
3	Bourguignati.	7	Rouvillei.
4	hippopodium.	8	semiplana.

Etage Rothomagien.

1	Ostrea digitata.	3	Ostrea Syphax.
2	rediviva.		

Etage Urgo-Aptien.

1	Ostrea falco.	3	Ostrea macroptera.
2	Leymerii.	4	Polyphemus.

Etage Néocomien.

1	Ostrea Couloni.	2	Ostrea rectangularis.

8 espèces sont communes à l'Europe et à l'Asie.

Etage Campanien.

1	Ostrea laciniata.	3	Ostrea vomer.
2	Renoui.		

Etage Carentonien.

1	Ostrea biauriculata.	3	Ostrea Ratisbonensis.
2	diluviana.		

Etage Rothomagien.

1	Ostrea Lesueuri.	2	Ostrea vesiculosa.

Une espèce est connue à l'Europe et à l'Amérique.

Etage Santonien.

1 Ostrea serrata.

2 espèces sont communes à l'Afrique et à l'Asie.

Etage Santonien.

1 Osrea dichotoma.

Etage Carentonien.

1 OSTREA Mermeti.

Une espèce est commune à l'Europe, à l'Afrique et à l'Amérique.

Etage Santonien.

1 OSTREA pectinata.

10 Espèces sont communes à l'Europe, à l'Afrique et à l'Asie.

Etage Campanien.

1 OSTREA curvirostris.

Etage Santonien.

1 OSTREA Deshayesi.

Etage Carentonien.

1 OSTREA carinata.   3 OSTREA Olisoponensis.
2   flabellata.

Etage Rothomagien.

1 OSTREA Africana.   3 OSTREA Delettrei.
2   conica.   4   Ovorwegi.

Etage Aptien,

1 OSTREA aquila.

4 espèces sont communes à l'Europe, à l'Afrique, à l'Asie et à l'Amérique.

Etage Campanien.

1 OSTREA auricularis.   3 OSTREA vesicularis.
2   ungulata.

Etage Urgo-Aptien.

1 OSTREA Boussingaulti.

TABLE ALPHABÉTIQUE

ERRATA

Page 27, fig. 10, après Pl. VIII, ajouter fig. 1.

 28, ligne 11, après Cotteau, ajouter pl. IV.

 31, lignes 21 et 32, au lieu de fig. 9-13, lire 12-16.

 41, ligne 29, au lieu de Pl. XI, lire Pl. X, et au lieu de Pl. X, lire Pl. XI.

 48, ligne 15 et 31, au lieu de fig. 4-9, lire 5-0.

 60, ligne 3, au lieu de fig. 12-14, lire 13-14.

 72, ligne 22, au lieu de fig. 1-5, lire 2-5.

 80, ligne 14, au lieu de Pl. 35, lire Pl. 36.

 95, ligne 32, au lieu de fig. 4, lire fig. 5.

 111, ligne 22, au lieu de Pl. 63, lire Pl. 65.

 112, ligne 9, au lieu de Pl. LXIII, lire Pl. LXV.

 129, ligne 23, au lieu de fig. 15-16, lire 13-15.

 139, ligne 20, au lieu de Pl. LVIII, lire Pl. LVII.

 140, ligne 22, au lieu de fig. 14-15, lire 15-18.

 149, ligne 29, au lieu de fig. 1-17, lire 31-37.

 150, ligne 13, au lieu de fig. 1-17, lire 31-37.

 153, ligne 2 et 19, au lieu de fig. 6, 7, lire 15, 16.

 153, ligne 21, au lieu de fig. 8, 9, lire 17, 18.

 154, ligne 14, au lieu de fig, 8, 9, lire 17, 18.

 157, ligne 23, au lieu de Pl. 64, lire Pl. 61.

 183, ligne 30, au lieu de fig. 4-8, lire 5-9.

 184, ligne 26, au lieu de fig. 4-8, lire 5-0.

 184, ligne 34, au lieu de fig. 4-9, lire 4.

 185, ligne 23, au lieu de fig. 4-9, lire 4.

 185, ligne 24, au lieu de fig. 19-21, lire 25-27.

 186, ligne 10, au lieu de fig. 19-21, lire 25-27.

 187, ligne 2, au lieu de fig. 5-15, lire 3-12.

 205, ligne 23, au lieu de connue, lire commune.

Pl. XV, au lieu de O. Triboudi, lire O. Reboudi.

Pl. XX, au lieu de O. minuta, lire O. microsoma.

Pl. XXIX, au lieu de O. colubrina, lire O. pectinata.

Pl. XXXV, au lieu de O. subplicata, lire O. Geinitzi.

Pl. XLV, au lieu de O. columba, lire O. Ratisbonensis.

OUVRAGES DU MÊME AUTEUR

TRAITÉ DES ROCHES, considérées au point de vue de leur origine, de leur composition, de leur gisement et de leurs applications.

DESCRIPTION des Solfatares, des Alunières et des Lagoni de l'Italie centrale.

DESCRIPTION géologique de la Province de Constantine, avec carte, coupes et planches de fossiles.

DESCRIPTION des terrains primaires et ignés du département du Var, avec carte coloriée et coupes.

DESCRIPTION physique, géologique, paléontologique et minéralogique du département de la Charente, 2 vol. avec carte géologique coloriée et coupes.

DESCRIPTION géologique et paléontologique de la région sud de la province de Constantine, 1 vol. avec coupes et atlas grand in-4°, de 48 pl. de fossiles.

MONOGRAPHIE paléontologique de l'étage aptien de l'Espagne, 1 vol. in-4° et atlas de 36 pl. de fossiles.

DESCRIPTION géologique du massif montagneux de la Ste-Baume, en Provence.

SYNOPSIS des Animaux et plantes fossiles des départements de la Charente, de la Charente-Inférieure et de la Dordogne.

DESCRIPTION géologique de l'étage purbeckien des Deux-Charentes.

GITES de pétrole de la Valachie et de la Moldavie et âge des terrains qui les contiennent.

DESCRIPTION géologique des gisements bitumineux et pétrolifères de l'Albanie et de l'île de Zante.

GISEMEMTS asphaltiques des environs de Raguza, dans la Province du val di Noto (Sicile).

DESCRIPTION géologique de la partie septentrionale de l'Empire du Maroc.

DESCRIPTION géologique des combustibles fossiles de l'étage Aptien des royaumes de Valence et d'Aragon (Espagne).

COURS DE GÉOLOGIE professé au Muséum d'Aix.

DE LA CRAU et de son origine.

MÉMOIRE sur les fossiles secondaires recueillis dans le Chili, avec planches de fossiles.

AGE des gisements de sel gemme et origine des ruisseaux salés et lacs salés de l'Algérie.

ÉTAGE des marnes irisées et étage Rhétien, dans les environs de Montferrat (Var).

RELATIONS GÉOLOGIQUES qui existent, dans le canton de Ganges (Hérault), entre la formation jurassique et la formation crétacée.

NOTE sur l'âge exclusivement aptien de la montagne de la Clape, près Narbonne (Hérault).

MÉMOIRE sur les Aptychus.

METAMORPHISME des Roches calcaires.

DESCRIPTION de la formation permienne de la Montagne de la Serre (Jura).

DESCRIPTION géologique de la formation permienne de l'Aveyron et des environs de Lodève (Hérault).

MINERAIS de fer de l'Aveyron et du Lot.

MÉMOIRE sur les terrains secondaires de la Toscane.

DESCRIPTION des Gypses triasiques du Mont Argentaro en Toscane.

TERRAINS secondaires de la Toscane.

TERRAINS tertiaires de la Toscane.

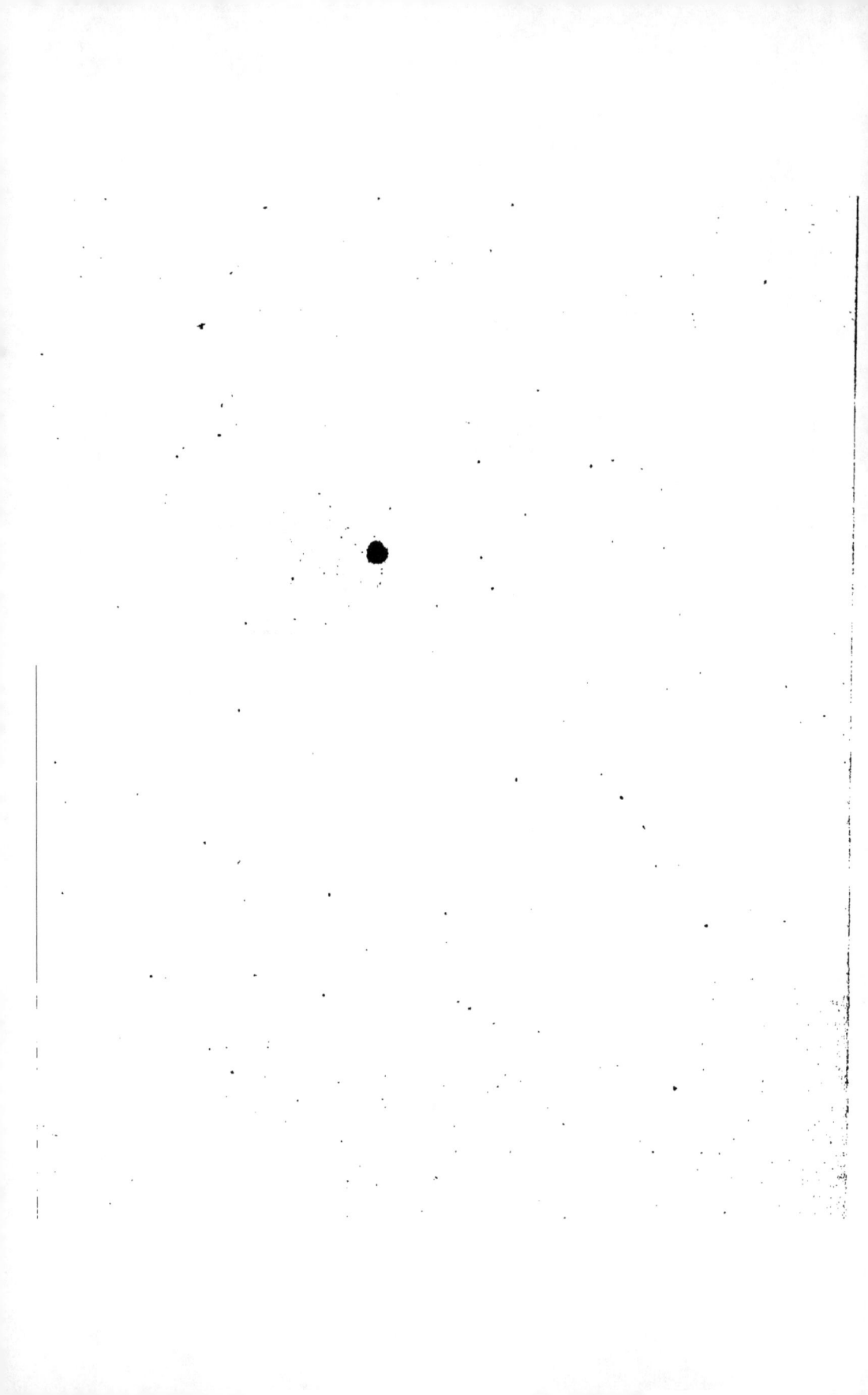

www.ingramcontent.com/pod-product-compliance
Lightning Source LLC
Chambersburg PA
CBHW070523200326
41519CB00013B/2914